高职高专机械类专业系列教材

数控机床编程与仿真加工

主　编　郭检平　夏源渊
副主编　孙桂爱　周巍松
参　编　刘春雷　谢燕琴　熊　伟

机 械 工 业 出 版 社

本书分三篇共计16个项目，第一篇是基础篇，含2个项目，分别是项目1认识数控机床、项目2认识数控机床坐标系及编程规则。第二篇是数控车床编程与仿真加工，含6个项目，分别是项目3斯沃（FANUC）数控车仿真软件的操作、项目4数控车削加工工艺分析、项目5数控车削阶梯轴类零件、项目6数控车削螺纹轴类零件、项目7数控车削轴套类零件、项目8数控车削二次曲面类零件。第三篇是数控铣床（加工中心）编程与仿真加工，含8个项目，分别是项目9斯沃（FANUC）数控铣仿真软件的操作、项目10数控铣削加工工艺分析、项目11数控铣削平面及开口槽类零件、项目12数控铣削平面凸台零件、项目13数控铣削型腔零件、项目14数控铣削连冲模、项目15数控铣削特形模、项目16数控镗铣孔系零件。

　　本书可作为高职院校数控技术、模具设计与制造、机电一体化技术、机械制造与自动化等专业的教材，也可供相关技术人员、数控机床编程与操作人员培训和自学使用。

　　本书配套电子课件，凡选用本书作为教材的教师可登录机械工业出版社教育服务网（www.cmpedu.com）注册后免费下载。咨询电话：010-88379375。

　　为便于读者学习，相关视频以二维码的形式植入书中。

图书在版编目（CIP）数据

数控机床编程与仿真加工／郭检平，夏源渊主编.
—北京：机械工业出版社，2019.7（2024.6重印）
高职高专机械类专业系列教材
ISBN 978-7-111-62265-9

Ⅰ.①数…　Ⅱ.①郭…②夏…　Ⅲ.①数控机床-程序设计-高等职业教育-教材　②数控机床-加工-计算机仿真-高等职业教育-教材　Ⅳ.①TG659

中国版本图书馆CIP数据核字（2019）第049532号

机械工业出版社（北京市百万庄大街22号　邮政编码100037）
策划编辑：赵志鹏　　　责任编辑：赵志鹏
责任校对：樊钟英　　　封面设计：马精明
责任印制：郜　敏
中煤（北京）印务有限公司印刷
2024年6月第1版·第9次印刷
184mm×260mm·12.5印张·290千字
标准书号：ISBN 978-7-111-62265-9
定价：39.00元

凡购本书，如有缺页、倒页、脱页，由本社发行部调换
电话服务　　　　　　　　　　网络服务
客服电话：010-88361066　　机 工 官 网：www.cmpbook.com
　　　　　010-88379833　　机 工 官 博：weibo.com/cmp1952
　　　　　010-68326294　　金 书 网：www.golden-book.com
封底无防伪标均为盗版　　　机工教育服务网：www.cmpedu.com

前 言

近年来，随着数控技术的高速发展和普及应用，制造业逐步实现数控化的升级换代，数控机床功能和工艺能力也不断扩展和提高，数控加工与传统加工在加工工艺与加工过程方面有较大的差异，这对产品的设计和工艺等提出了新的要求。在党的二十大关于推进新型工业化，加快建设制造强国、质量强国的新要求下，为贯彻落实"深入实施科教兴国战略、人才强国战略"，本书依据社会对数控技术专业技能型人才的需求，选用应用广泛的 FANUC 0i 数控系统和斯沃数控仿真软件，采用项目式教学，讲授数控机床操作、工艺、编程及仿真加工方面的知识，以"理论够用、适用有效"为原则，使学生能快速具备数控加工的能力。

本书在编排上注重理论与实践相结合，采用项目任务式教学模式，突出实践环节，充分体现"工学结合一体化"。全书由浅入深，根据生产中的典型零件分为 16 个项目，每个项目由学习目标、任务导入、知识准备、任务实施、能力训练和自测题六部分组成。

为了方便教师教学和学生自主学习，本书配备了教学视频二维码、教学 PPT、知识 PDF 文档、在线测试题库、讨论活动主题和小组作业等。师生可以灵活地安排学习的地点和进程，实现碎片化学习、个性化教学，使教学的过程更容易掌控，有利于推进教育数字化。

本书可作为高职院校数控技术、模具设计与制造、机电一体化、机械制造与自动化等专业的教材，也可供有关工程技术人员参考。

本书由江西工业工程职业技术学院郭检平、夏源渊任主编，江西工业工程职业技术学院孙桂爱、周巍松任副主编，参加本书编写的还有江西工业工程职业技术学院刘春雷、谢燕琴和熊伟。

本书在编写过程中，参阅了国内外的相关资料、文献和教材，同时也得到了其他院校、同行的大力支持和帮助，在此深表感谢！

由于编者水平和经验有限，书中难免有欠妥之处，恳请读者提出宝贵意见。

编 者

| 目　录 |

前　言

第一篇　基础篇 ………………………………………………………………………… 1

　项目 1　认识数控机床 ………………………………………………………………… 2
　　学习目标 ………………………………………………………………………………… 2
　　任务导入 ………………………………………………………………………………… 2
　　知识准备 ………………………………………………………………………………… 2
　　1.1　数控车床的工艺能力及技术参数 ……………………………………………… 2
　　1.2　数控镗铣床的工艺能力及技术参数 …………………………………………… 5
　　任务实施 ………………………………………………………………………………… 8
　　能力训练 ………………………………………………………………………………… 8
　　自测题 …………………………………………………………………………………… 9

　项目 2　认识数控机床坐标系及编程规则 ………………………………………… 10
　　学习目标 ……………………………………………………………………………… 10
　　任务导入 ……………………………………………………………………………… 10
　　知识准备 ……………………………………………………………………………… 11
　　2.1　数控机床坐标系 ………………………………………………………………… 11
　　2.2　数控编程概述 …………………………………………………………………… 14
　　任务实施 ……………………………………………………………………………… 18
　　能力训练 ……………………………………………………………………………… 19
　　自测题 ………………………………………………………………………………… 19

第二篇　数控车床编程与仿真加工 ………………………………………………… 21

　项目 3　斯沃(FANUC)数控车仿真软件的操作 ………………………………… 22
　　学习目标 ……………………………………………………………………………… 22
　　任务导入 ……………………………………………………………………………… 22
　　知识准备 ……………………………………………………………………………… 22
　　3.1　进入和退出 ……………………………………………………………………… 22
　　3.2　工作界面 ………………………………………………………………………… 23
　　3.3　文件管理菜单 …………………………………………………………………… 24
　　3.4　基本操作 ………………………………………………………………………… 29

任务实施 ·· 34

能力训练 ·· 37

自测题 ·· 37

项目4 数控车削加工工艺分析 ································ 39

学习目标 ·· 39

任务导入 ·· 39

知识准备 ·· 40

4.1 数控车削基本认知 ···································· 40

4.2 数控车削加工工艺设计 ································ 46

任务实施 ·· 50

能力训练 ·· 53

自测题 ·· 55

项目5 数控车削阶梯轴类零件 ································ 56

学习目标 ·· 56

任务导入 ·· 56

知识准备 ·· 56

5.1 直径编程 ·· 56

5.2 绝对坐标编程与相对坐标编程 ·························· 57

5.3 英制与米制转换指令 G20、G21 ························ 57

5.4 返回参考点指令 G28 ·································· 58

5.5 分进给/转进给指令 G98、G99 ························ 58

5.6 刀具长度补偿 ·· 58

5.7 快速定位指令 G00 ···································· 59

5.8 直线插补指令 G01 ···································· 60

5.9 插补平面选择指令 G17、G18、G19 ···················· 61

5.10 圆弧插补指令 G02、G03 ······························ 61

任务实施 ·· 63

能力训练 ·· 66

自测题 ·· 66

项目6 数控车削螺纹轴类零件 ································ 68

学习目标 ·· 68

任务导入 ·· 68

知识准备 ·· 68

6.1 子程序 ·· 68

6.2 进给暂停指令 G04 ···································· 70

6.3 螺纹加工 ·· 70

任务实施 ……………………………………………………………………… 75

能力训练 ……………………………………………………………………… 78

自测题 ………………………………………………………………………… 79

项目 7　数控车削轴套类零件 ………………………………………………… 81

学习目标 ……………………………………………………………………… 81

任务导入 ……………………………………………………………………… 81

知识准备 ……………………………………………………………………… 81

7.1　轴向车削复合固定循环指令 G71/G70 ………………………………… 82

7.2　端面车削复合固定循环指令 G72/G70 ………………………………… 85

7.3　轮廓车削复合固定循环指令 G73/G70 ………………………………… 87

任务实施 ……………………………………………………………………… 89

能力训练 ……………………………………………………………………… 92

自测题 ………………………………………………………………………… 93

项目 8　数控车削二次曲面类零件 …………………………………………… 95

学习目标 ……………………………………………………………………… 95

任务导入 ……………………………………………………………………… 95

知识准备 ……………………………………………………………………… 95

8.1　变量 ……………………………………………………………………… 96

8.2　条件语句 GOTOn、IF-GOTO ………………………………………… 96

8.3　循环语句 WHILE-DOm-ENDm ……………………………………… 97

任务实施 ……………………………………………………………………… 97

能力训练 ……………………………………………………………………… 99

自测题 ………………………………………………………………………… 100

第三篇　数控铣床（加工中心）编程与仿真加工 ……………………………… 101

项目 9　斯沃（FANUC）数控铣仿真软件的操作 …………………………… 102

学习目标 ……………………………………………………………………… 102

任务导入 ……………………………………………………………………… 102

知识准备 ……………………………………………………………………… 103

9.1　斯沃（FANUC）数控铣仿真软件的进入和退出 ……………………… 103

9.2　斯沃（FANUC）数控铣仿真软件的基本操作 ………………………… 104

任务实施 ……………………………………………………………………… 108

能力训练 ……………………………………………………………………… 110

自测题 ………………………………………………………………………… 111

项目 10　数控铣削加工工艺分析 ……………………………………………… 112

学习目标 ……………………………………………………………………… 112

任务导入 ……………………………………………………………………… 112

知识准备 ·· 113

10.1 数控铣削工艺 ······························ 113

10.2 数控铣削刀具 ······························ 116

10.3 铣削用量的确定 ·························· 120

10.4 工件的装夹 ································ 121

任务实施 ·· 123

能力训练 ·· 126

自测题 ·· 129

项目 11 数控铣削平面及开口槽类零件 ·············· 130

学习目标 ·· 130

任务导入 ·· 130

知识准备 ·· 130

11.1 工件坐标系指令 G54~G59 ··········· 130

11.2 绝对坐标编程与相对坐标编程 ········ 131

11.3 快速定位指令 G00 ······················ 132

11.4 直线插补指令 G01 ······················ 132

11.5 英制与米制转换指令 G20、G21 ····· 132

任务实施 ·· 132

能力训练 ·· 134

自测题 ·· 135

项目 12 数控铣削平面凸台零件 ···················· 137

学习目标 ·· 137

任务导入 ·· 137

知识准备 ·· 137

12.1 刀具半径补偿 ······························ 137

12.2 切入/切出工艺路径 ····················· 139

12.3 偏置法编程 ································ 141

任务实施 ·· 143

能力训练 ·· 146

自测题 ·· 147

项目 13 数控铣削型腔零件 ························ 149

学习目标 ·· 149

任务导入 ·· 149

知识准备 ·· 149

13.1 型腔铣削工艺 ······························ 149

13.2 平均尺寸计算 ······························ 152

任务实施 ……………………………………………………………………… 153

能力训练 ……………………………………………………………………… 155

自测题 ………………………………………………………………………… 155

项目 14 数控铣削连冲模 …………………………………………………… 157

学习目标 ……………………………………………………………………… 157

任务导入 ……………………………………………………………………… 157

知识准备 ……………………………………………………………………… 157

14.1 子程序概述 …………………………………………………………… 157

14.2 子程序平移编程 ……………………………………………………… 159

14.3 子程序分层编程 ……………………………………………………… 160

任务实施 ……………………………………………………………………… 160

能力训练 ……………………………………………………………………… 162

自测题 ………………………………………………………………………… 163

项目 15 数控铣削特形模 …………………………………………………… 164

学习目标 ……………………………………………………………………… 164

任务导入 ……………………………………………………………………… 164

知识准备 ……………………………………………………………………… 164

15.1 极坐标编程 …………………………………………………………… 164

15.2 坐标系旋转编程 ……………………………………………………… 166

任务实施 ……………………………………………………………………… 167

能力训练 ……………………………………………………………………… 169

自测题 ………………………………………………………………………… 170

项目 16 数控镗铣孔系零件 ………………………………………………… 171

学习目标 ……………………………………………………………………… 171

任务导入 ……………………………………………………………………… 171

知识准备 ……………………………………………………………………… 171

16.1 自动换刀与刀具长度补偿 …………………………………………… 171

16.2 参考点编程及进给暂停编程 ………………………………………… 178

16.3 FANUC 系统孔加工固定循环 ……………………………………… 179

任务实施 ……………………………………………………………………… 186

能力训练 ……………………………………………………………………… 188

自测题 ………………………………………………………………………… 188

参考文献 …………………………………………………………………… 190

第一篇
基础篇

项目1　认识数控机床

- 了解数控车床分类。
- 熟悉数控车床基本结构及用途。
- 熟悉数控铣床及加工中心的工艺能力。
- 理解数控铣床及加工中心的技术参数。

任务导入

任务：根据表1-1所示机床外形，识别机床名称、适用范围，并列举1~2种常见机床型号。

表1-1　机床识别

机床外形	机床名称	适用范围	常见机床型号

知识准备

1.1　数控车床的工艺能力及技术参数

数控车床是装备了数控系统的车床或采用了数控技术的车床，将事先编好的加工程序输入到数控系统中，由数控系统通过伺服系统去控制车床各运动部件的动作，加工出符合要求的零件。

2

1.1.1 数控车床的分类

数控车床有多种分类方法，最常用的有以下三种：

（1）按主轴布局方位分类 按主轴布局方位不同，数控车床可分为卧式数控车床和立式数控车床两大类。卧式数控车床的主轴水平放置，主要用来车削轴类、套类零件。立式数控车床的主轴垂直放置，主要用来车削盘类零件。立式数控车床多数是工作台直径大于1000mm 的大机床。

（2）按加工功能分类 按加工功能不同，数控车床可分为普通数控车床和车削中心两大类。车削中心是在数控车床功能的基础上增加了数控回转刀架或刀具回转主轴，配有换刀机械手，工件经一次装夹后，能完成车、铣、钻、铰、车螺纹等多种工序的数控车床。

（3）按数控系统的功能分类 按数控系统的功能不同，数控车床可分为全功能型数控车床和经济型数控车床。

1）全功能型数控车床是配有如 FANUC、华中 HNC 等数控系统的数控车床。这类车床功能全，精度高，售价高。

2）经济型数控车床是在普通车床的基础上改造而来的，一般采用步进电动机驱动的开环控制系统。这类车床功能少，精度低，比较经济。

1.1.2 数控车床的基本结构

（1）数控车床的组成 如图 1-1 所示，数控车床与普通车床相比较，其外观结构仍然由主轴卡盘 1、主轴箱 2、刀架 3、操纵箱 4、尾座 5 和底座 6 等部分组成。数控车床刀架可实现纵向（Z 向）和横向（X 向）进给运动。

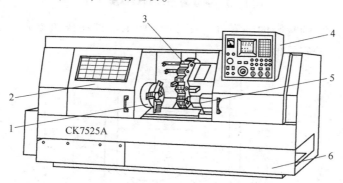

图 1-1 CK7525A 型数控车床的组成部件

1—主轴卡盘 2—主轴箱 3—刀架 4—操纵箱 5—尾座 6—底座

（2）数控车床的刀架布局 根据刀架回转中心线相对于主轴的方位不同，刀架在机床上有两种布局形式：一种是其回转中心线与主轴平行，常称卧式刀架；另一种是其回转中心线与主轴垂直，常称立式刀架。根据回转刀架相对于主轴的方位不同，刀架在机床上也有两种布局形式：一种是刀架在主轴前，即前置刀架（图 1-2a）；另一种是刀架在主轴后，即后置刀架（图 1-2b）。不管是前置刀架还是后置刀架，装在刀架上的车刀都应能过工件中心，以便退刀，否则可能会造成无法车孔的严重缺陷。

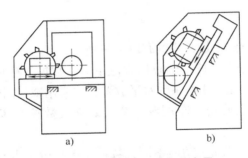

图 1-2 卧式数控车床刀架布局

a) 前置刀架   b) 后置刀架

1.1.3 数控车床的用途

数控车床能轻松地加工普通车床所能加工的内容，但简单的零件用数控车床加工未必经济。数控车床的主要加工对象是：

(1) 表面形状复杂的回转体类零件 由于数控车床具有直线和圆弧插补功能，只要不发生干涉，可以车削由任意直线和曲线组成的形状复杂的零件，如图 1-3 所示。

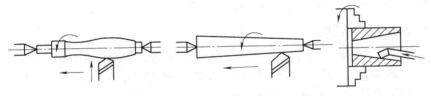

图 1-3 形状复杂的回转体类零件

(2) "口小肚大" 的封闭内腔零件 图 1-4 所示零件在普通车床上是难以加工的，而在数控车床上则可以较容易地实现。

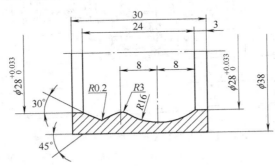

图 1-4 "口小肚大" 的封闭内腔零件

(3) 带有特殊螺纹的零件 数控车床由于主轴转速和刀具进给具有同步功能，所以能加工恒导程和变导程的圆柱螺纹、圆锥螺纹和端面螺纹，还能加工多线螺纹。螺纹加工是数控车床的一大优点，车制的螺纹表面光滑、精度高。

(4) 精度要求高的零件 由于数控车床刚性好，制作和对刀精度高，能方便和精确地进行人工补偿和自动补偿，所以可用于加工尺寸精度要求较高的零件，在有些场合可以以车代磨。数控车削的刀具运动是通过高精度插补运算和进给驱动来实现的，所以数控车床可用于加工对母线直线度、圆度、圆柱度等形状精度要求较高的零件；工件一次装夹可完成多道工序的加工，提高了零件的位置精度；数控车床具有恒线速切削功能，加工出的零件表面粗糙度值小而均匀。

1.1.4　数控车床的技术参数

数控车床的主参数是最大车削直径。CK7525A 型数控车床的主要技术参数见表 1 - 2。

表 1 - 2　CK7525A 型数控车床的主要技术参数

名称	参数	名称	参数
机床型号	CK7525A	刀架最大 X 向行程/mm	230
床身上工件最大回转直径/mm	410	刀架最大 Z 向行程/mm	850
滑板上工件最大回转半径/mm	180	主轴转速/(r/min)	32 ~ 2000
最大车削直径/mm	280	进给速度/(mm/min)	X 向 3 ~ 1500，Z 向 6 ~ 3000
最大车削长度/mm	850	手动尾座莫氏锥孔	No. 4
刀架	12 工位	数控系统	SINUMERIK 802C
方形外圆车刀刀杆/mm	25 × 25	控制轴数	2
圆形镗孔车刀刀杆/mm	$\phi20$	同时控制轴数	2

1.2　数控镗铣床的工艺能力及技术参数

这里所述的数控镗铣床主要指数控铣床、加工中心等。

1.2.1　数控铣床的工艺能力

数控铣床一般是计算机数控系统、伺服控制进给系统、两轴以上联动的金属切削数控机床（图 1 - 5），是模具加工的理想设备。工件经一次装夹后，数控铣床能完成铣、钻、扩、铰、镗、攻螺纹等多种工序，如图 1 - 6 所示，其中，坐标轴联动铣削加工工件轮廓是数控铣床最基本、最主要的工艺能力。在钻、扩、铰、镗、攻螺纹等孔加工时，由于数控铣床不具备自动换刀功能，孔的种类不宜太多，手动换刀数量最好不要超过 10 把，以免加大工人体力消耗，影响机床自动加工效率。

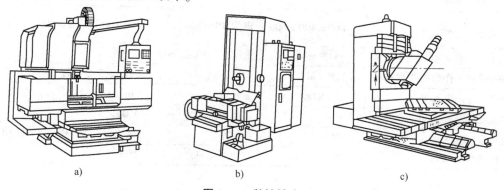

a)　　　　　　　　　　b)　　　　　　　　　　c)

图 1 - 5　数控铣床

a ）数控立式铣床　b）数控卧式铣床　c）数控五轴铣床

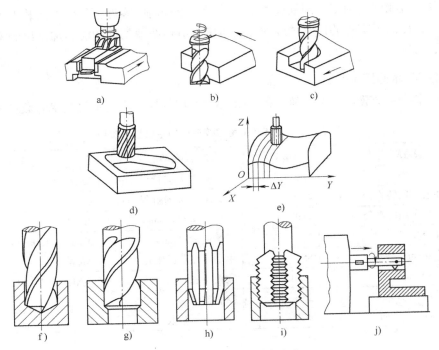

图 1-6 数控铣床的工艺能力

a) 一轴铣平面 b) 一轴铣侧面 c) 一轴铣槽 d) 两轴铣平面轮廓
e) 两轴半铣二次曲面 f) 钻孔 g) 扩孔 h) 铰孔 i) 攻螺纹 j) 镗孔

1.2.2 数控铣床的技术参数

编程时必须要知道数控铣床的规格参数。这里以 TK7640 型数控立式镗铣床为例介绍数控铣床的技术参数（表 1-3）。

表 1-3 TK7640 型数控立式镗铣床的技术参数

项目	参数	项目	参数
工作台 $\frac{长}{mm} \times \frac{宽}{mm}$	800×400	压缩气/MPa	0.4~0.6
行程 $\frac{X}{mm} \times \frac{Y}{mm} \times \frac{Z}{mm}$	600×400×600	定位精度/mm	±0.01/300, ±0.015/全长
工作台 T 形槽宽度/mm×数量	14H8×4	重复定位精度/mm	0.008
主轴端面到工作台面距离/mm	200~800	程序容量	64K,200 个程序号
进给速度/(mm/min)	1~2000	显示方法	9in（1in=25.4mm）单色 CRT
快移速度/(mm/min)	10	最小输入单位/mm	0.001
主轴锥孔	BT40	数控系统	FANUC 0i-MC，三轴联动
主轴转速/(r/min)	20~2000	整机质量/kg	2500

1.2.3 立式加工中心的工艺能力

立式加工中心是立式数控机床上配备刀库、具有自动换刀功能的数控立式镗铣床，如图

1-7 所示。工件经一次装夹后，立式加工中心能自动完成单面铣、钻、扩、铰、镗、攻螺纹等多种工序，其中，坐标轴联动铣削加工工件轮廓和孔的加工是其最基本、最主要的工艺能力。此外，立式加工中心也是加工模具、孔盘类零件的理想设备。

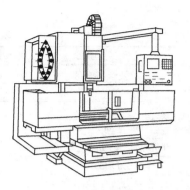

图 1-7 立式加工中心

1.2.4 立式加工中心的技术参数

以 XH714 型立式加工中心为例，介绍立式加工中心的主要技术参数，见表 1-4。

表 1-4 XH714 型立式加工中心的技术参数

项目	参数	项目	参数
工作台 $\dfrac{长}{mm} \times \dfrac{宽}{mm}$	800 × 400	刀具 $\dfrac{长}{mm} \times \dfrac{直径}{mm} \times \dfrac{质量}{kg}$	300 × 100 × 8
行程 $\dfrac{X}{mm} \times \dfrac{Y}{mm} \times \dfrac{Z}{mm}$	600 × 400 × 600	选刀方式	随机
工作台 T 形槽宽度/mm × 数量	14H8 × 4	压缩气/MPa	0.4 ~ 0.6
主轴端面到工作台面距离/mm	200 ~ 800	定位精度/mm	±0.01/300，±0.015/全长
进给速度/(mm/min)	1 ~ 2000	重复定位精度/mm	0.008
快移速度/(mm/min)	25	程序容量	64K，200 个程序号
主轴锥孔	BT40	显示方法	9in（1in = 25.4mm）单色 CRT
主轴转速/(r/min)	20 ~ 6000	最小输入单位/mm	0.001
刀库容量/把	24	数控系统	FANUC 0i - MC，三轴联动

1.2.5 卧式加工中心的工艺能力

卧式加工中心是在卧式数控机床的基础上配备了刀库、自动换刀机构。卧式加工中心工作台至少要有回转分度功能，被加工零件的转位度数必须是工作台分度数的整数倍。对于数控回转工作台，由于它能连续分度，则不必有这个要求。在卧式加工中心上，工件经一次装夹后能自动完成多侧面铣、钻、扩、铰、镗、攻螺纹等多种工序。其中，孔加工和坐标轴联动铣削加工工件轮廓与工作台分度是其最基本、最主要的工艺能力。卧式加工中心也是加工箱体类、叉架类零件的理想设备，如图 1-8 所示。

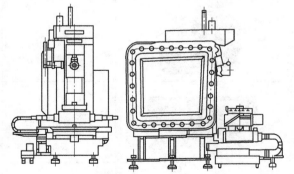

图 1-8 XH756 型卧式加工中心

1.2.6 卧式加工中心的技术参数

以 XH756 型卧式加工中心为例，技术参数见表 1-5。

表1-5　XH756型卧式加工中心的技术参数

项目	参数	项目	参数
工作台 $\frac{长}{mm} \times \frac{宽}{mm}$	630×630	刀库容量/把	60
行程 $\frac{X}{mm} \times \frac{Y}{mm} \times \frac{Z}{mm}$	800×700×700	刀具 $\frac{长}{mm} \times \frac{直径}{mm} \times \frac{质量}{kg}$	300×200×20
T形槽宽度/mm×数量	18H8×5	换刀方式	随机
工作台分度数/(°)	5	压缩气/MPa	0.4~0.6
工作台分度定位精度/(″)	8	工作台重复定位精度/(″)	0.05
主轴端面到工作台中心距离/mm	200~900	定位精度/mm	±0.01/300, ±0.015/全长
主轴中心到工作台台面距离/mm	0~700	重复定位精度/mm	0.008
进给速度/(mm/min)	1~2000	程序容量	64K,200个程序号
快移速度/(mm/min)	15	显示方法	9in（1in=25.4mm）单色CRT
主轴锥孔	BT50	最小输入单位/mm	0.001
主轴转速/(r/min)	17~4125	数控系统	FANUC 0i,三轴联动

任务实施

　　到数控加工实训中心参观各类数控设备及加工零件，并观察其结构特征，与课本内容相结合。建议在互联网上查询与数控机床相关的资料，完成任务要求，见表1-6。

能力训练

　　到图书馆、阅览室查阅数控机床以及数控加工方面的书籍和杂志，上网查询数控机床最新动态，观看数控加工相关视频。

表1-6　识别机床

机床外形	机床名称	适用范围	常见机床型号
	数控车床	主要加工精度要求高，形状复杂的轴类、孔类和盘类零件	C-6126HK/1
	数控车削中心	加工各种回转表面，如内外圆柱面、内外圆锥面、螺纹、沟槽、端面和成形面等，精度高	HTC2050z
	数控铣床	主要加工轮廓形状特别复杂或难以控制尺寸的零件，如箱体零件、空间轮廓零件，加工的适应性强、灵活性好、精度高	XK714,XK715

自测题

1. 选择题

（1）按主轴布局分，数控车床可分为（　　）。

　A. 经济型数控车床和全功能型数控车床

　B. 数控立式车床和数控卧式车床

　C. 进口数控车床和国产数控车床

　D. 直线数控车床和轮廓数控车床

（2）卧式数控车床的主轴是（　　）放置的，立式数控车床的主轴是（　　）放置的。

　A. 水平；垂直　　　　　　　　　B. 垂直；水平

（3）数控车床刀架可以在（　　）向进给运动。

　A. X；Y　　　　B. X；Z　　　　C. Y；Z

（4）以下不是数控车床主要加工对象的是（　　）。

　A. 表面形状复杂的回转体类零件

　B. "口小肚大"的封闭内腔零件

　C. 精度要求高的回转体零件

　D. 形状复杂的箱体类零件

（5）数控铣床加工以（　　）为主，孔加工的种类（　　），它比较适合加工（　　），工件经一次装夹后，可完成铣、钻、扩、铰、镗、攻螺纹等多种工序加工。

　A. 面加工；可以很多；大平面类零件

　B. 面加工；可以很多；小平面类零件

　C. 面加工；不宜；小平面类零件

　D. 面加工；不宜；大平面类零件

（6）立式加工中心能自动完成（　　）面加工，是模具、（　　）类零件加工的理想设备，工件经一次装夹后，可完成铣、钻、扩、铰、镗、攻螺纹等多种工序加工。

　A. 单；孔盘　　B. 单；箱体　　　　C. 多；孔盘　　　　D. 多；箱体

（7）卧式加工中心能自动完成（　　）加工，是（　　）类零件加工的理想设备，工件经一次装夹后，可完成铣、钻、扩、铰、镗、攻螺纹等多种工序加工。

　A. 单侧面；箱体、叉架　　　　　B. 单侧面；回转体

　C. 多侧面；箱体、叉架　　　　　D. 多侧面；回转体

2. 简答题

（1）数控车床可以分成哪几类？

（2）卧式数控车床的刀架布局有哪几种？

（3）数控车床与普通车床有什么不同？

（4）数控铣床与加工中心有什么不同？

项目2　认识数控机床坐标系及编程规则

学习目标

- 熟悉笛卡儿坐标系准则。
- 了解机床坐标系中坐标轴和原点的确定。
- 掌握机床原点、工件原点、机床参考点、测量基点和刀位点所在位置。
- 熟悉常用 G 指令和 F、S、T、M 功能指令。

任务导入

任务1：标注图 2-1 所示机床坐标系中各轴。

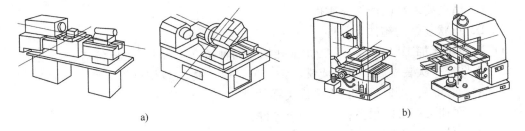

a)

图 2-1　机床坐标系

a）车床坐标系　b）铣床坐标系

任务2：辨认图 2-2 所示具体加工方法。

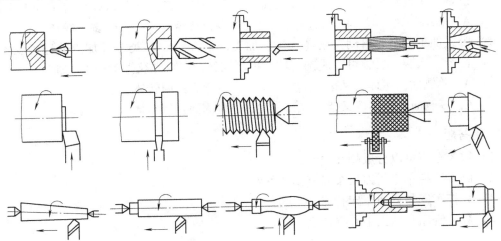

图 2-2　具体加工方法

知识准备

2.1　数控机床坐标系

2.1.1　笛卡儿坐标系准则

为了简化编程，保证记录数据的互换性，国际上对数控机床的坐标和运动方向的命名制定了统一标准，我国也制定了 GB/T 19660—2005《工业自动化系统与集成　机床数值控制　坐标系和运动命名》。标准规定，采用右手坐标系对机床的坐标系进行命名。用 X、Y、Z 表示直线进给坐标轴，X、Y、Z 坐标轴的相互关系由右手法则确定，如图 2-3 所示，图中大拇指的指向为 X 轴的正方向，食指指向为 Y 轴的正方向，中指指向为 Z 轴的正方向。

围绕 X、Y、Z 轴旋转的圆周进给坐标轴分别用 A、B、C 表示，根据右手螺旋法则，以大拇指指向 $+X$、Y、$+Z$ 方向，则其余四指的指向就是圆周进给运动的 $+A$、$+B$、$+C$ 方向。

上述坐标轴的正方向，是假定工件不动，刀具相对于工件做进给运动的方向。如果是工件移动而刀具位置不动，则用加"'"的字母表示，如 $+X'$、$+Y'$、$+Z'$。按相对运动的关系，工件运动的正方向恰好与刀具运动的正方向相反。

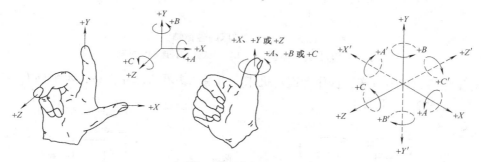

图 2-3　右手坐标系

2.1.2　数控机床坐标轴的确定

（1）坐标轴方向　为了编程方便，数控机床上一律以刀具运动坐标系（即假定工件静止，刀具运动）来编程，规定各坐标轴运动的正方向为刀具与工件之间距离增大的方向。

1）Z 轴。一般取平行于机床主轴的轴线为 Z 轴，对于切削和成形机床，Z 轴应垂直于工件装夹面；刀具远离工件的方向为正向。

2）X 轴。一般为水平方向，位于平行于工件装夹面的水平面内且垂直于 Z 轴。

对于车床，X 轴与 Z 轴垂直，正方向为刀架横向远离主轴轴线的方向，如图 2-4 所示。

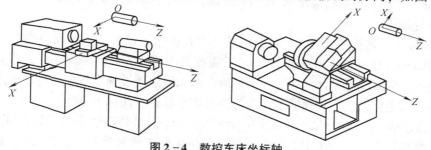

图 2-4　数控车床坐标轴

对于铣床，分为以下几种情况：

①对于立式铣床，Z 轴为铅垂方向，人正面面对主轴，向右为正 X 方向，如图 2-5a 所示。

②对于卧式铣床，Z 轴为水平方向，人正面面对主轴，向左为正 X 方向，如图 2-5b 所示。

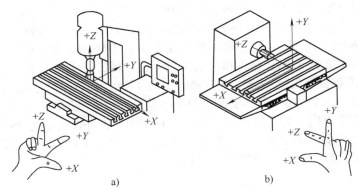

图 2-5　数控铣床的坐标轴

a）立式数控铣床的坐标轴　b）卧式数控铣床的坐标轴

③对于龙门式数控铣床，操作者面对机床，由主轴头看机床左立柱，水平向右方向为 X 轴正方向，如图 2-6 所示。

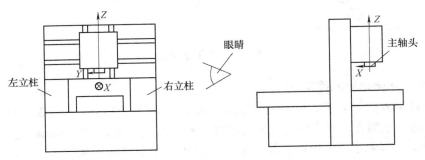

图 2-6　龙门式数控铣床坐标轴

3）Y 轴。根据已确定的 X、Z 轴，按右手坐标系确定。

4）A、B、C 轴。根据已确定的 X、Y、Z 轴，用右手螺旋法则来确定。

（2）坐标原点

1）机床原点。数控机床在出厂时，制造厂家在机床上设置了一个固定的点，称为机床坐标原点（Machine Coordinate Origin，MCO），简称机床原点，也称机床零点，其位置由机床生产厂家确定。机床经过设计、制造和调整后，机床原点便被确定下来，它是机床上的固定点。以这一点为坐标原点而建立的坐标系称为机床坐标系，简称 MCS。

①对于数控车床，其机床原点通常设在卡盘后端面与主轴回转轴线的交点处，如图2-7所示。

②对于数控镗铣床、加工中心、数控钻床，机床原点通常设在 X、Y、Z 三轴最大行程

的主轴端面的回转中心上。将主轴端面回转中心作为测量基准，易于度量三轴行程及其几何位置尺寸，相当于游标卡尺尺身的"0"线，如图 2-8 所示。

2）参考点。参考点（R 点）是用电气开关和机械挡块设置的，每个坐标轴上有一组，通常设在各坐标轴行程的最大极限位置上。机床参考点可以与机床原点重合，也可以不重合，通过参数来指定机床参考点到机床原点的距离。机床各坐标轴回到了参考点位置，也找到了机床原点位置，回参考点也称为回零，如图 2-7、图 2-8 所示。

3）测量基点。通常把数控车床的刀架回转中心命名为测量基点 E，E 点在机床行程范围内运动，是动点。数控机床控制 E 点的轨迹，规定这点的刀具长度、刀尖圆弧半径都等于零。如图 2-7 所示，机床返回参考点后，E 点和 R 点重合。对于数控铣床、加工中心、数控钻床而言，通常把主轴端面回转中心作为测量基点 E，如图 2-8 所示。

4）刀位点。刀位点是指刀具的定位基准点。圆柱形铣刀的刀位点是刀具中心线与刀具底面的交点；球头铣刀的刀位点是球头的球心点；车刀的刀位点是刀尖或刀尖圆弧中心；钻头的刀位点是钻头顶点。

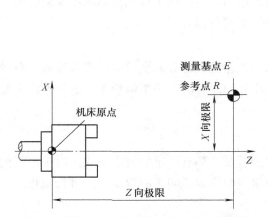

图 2-7　数控车床机床原点、参考点、测量基点

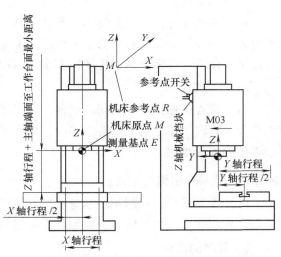

图 2-8　数控铣床机床原点、参考点、测量基点

2.1.3　工件坐标系

为了方便编程，机床操作人员通常选择工件上的某一已知点为工件原点，再建立一个新的坐标系，称为工件坐标系（Workpiece Coordinate Origin，WCO）。它是机床进行加工时使用的坐标系，一般选在设计基准或定位基准上，如车床上的工件原点常选在工件右端面中心，铣床上的工件原点常选在毛坯上表面的对称中心。

2.1.4　编程坐标系

编程时，编程人员为了编程简单、尺寸换算少、引起的加工误差小等而人为确定一个坐标原点，以此建立的坐标系称为编程坐标系。

编程坐标系应该与工件坐标系一致，能否让编程坐标系与工件坐标系一致，是操作数控机床的关键。通常程序传输到数控机床进行加工时，通过对刀等方式使编程坐标系与工件坐标系一致。这里需要注意的是，不管是工件坐标系还是编程坐标系，坐标轴的方向与机床坐标系各轴一致，只是原点位置不同而已。

2.2 数控编程概述

2.2.1 数控编程的方法与内容

与普通机床不同，数控机床加工零件的过程完全自动地进行，加工过程中人工不能干预。因此，首先必须将所要加工零件的全部信息，包括工艺过程、刀具运动轨迹及方向、位移量、工艺参数（主轴转速、进给量、切削深度）以及辅助动作（换刀、变速、冷却、夹紧、松开）等按加工顺序用数控代码和规定的程序格式正确地编制成数控程序，然后将其输入到数控装置，数控装置按程序要求控制数控机床对零件进行加工。所谓数控编程，一般指包括零件图样分析、工艺分析与设计、图形数学处理、编写并输入程序清单、程序校验的全部工作。数控编程方法可分为手工编程和自动编程两种。

1. 手工编程

从零件图样分析、工艺处理、数据计算、编写程序单、输入程序到程序校检等各步骤主要由人工完成的编程过程称为手工编程。手工编程适用于点位加工或几何形状不太复杂的零件加工，以及计算较简单、程序段不多、编程易于实现的场合等。

2. 自动编程

自动编程也称为计算机辅助编程，即程序编制工作的大部分或全部由计算机完成。自动编程大大减轻了编程人员的劳动强度，提高了效率，同时解决了手工编程无法解决的许多复杂零件的编程难题。

2.2.2 程序的结构与格式

每种数控系统，根据系统本身的特点及编程的需要，都有一定的程序格式。对于不同的机床，其程序格式也不同。因此编程人员必须严格按照机床说明书的规定格式进行编程。

1. 程序的结构

一个完整的程序由程序号、程序内容和程序结束三部分组成。

例如：00001；——→程序号

      N010 G92 X40 Y40 ；

      N020 G90 G00 X28 T01 S800 M02 ；

      N030 G01 X – 18 F150 ；

      N040 X0 Y0 ；   程序内容

      N050 X28 Y20 ；

      N060 G00 X40 ；

      N070 M20 ；——————→程序结束

（1）程序号　程序号即为程序的开始部分，为了区别存储器中的程序，每个程序都要有程序编号，在编号前采用程序编号地址码。例如在 FANUC 数控系统中，一般采用英文字母 O 作为程序编号地址，而其他系统采用 P 或%等。

（2）程序内容　程序内容部分是整个程序的核心，它由许多程序段组成，每个程序段由一个或多个指令构成，它表示数控机床要完成的全部动作。

（3）程序结束　程序结束以程序结束指令 M02 或 M20 作为整个程序结束的符号，通过执行程序结束指令来结束整个程序。

2．程序段格式

零件的加工程序是由若干个程序段组成的，程序的一句即为一个程序段。每个程序段由若干个程序字组成，每个程序字是控制系统的具体指令，它由表示地址的英文字母、特殊字符和数字集合而成。常见的程序字如下：

N__ G__ X__ Y__ Z__… F__ S__ T__ M__ ；

例如：N20 G01 X25 Y-26 F100 S200 T02 M02；

程序段内各程序字的说明如下。

（1）语句号字　语句号字是用以识别程序段的编号，用地址码 N 和后面的若干位数字来表示。例如，N20 表示该语句的语句号为20。

（2）准备功能字（G 功能字）　准备功能指令也称为 G 指令，或称 G 功能指令或 G 代码指令。G 指令确定的控制功能可分为坐标系设定类型、插补功能类型、固定循环类型等。该指令的作用是指定机床的加工方式，为数控装置的插补运算和刀具半径补偿后的中心轨迹的计算等做准备。

G 指令由字母 G 和其后 2 位数字组成，从 G00～G99，共 100 种。但不同种类的数控系统的指令代码还不统一，因此，编程人员在编程之前必须参考相应数控系统的参考手册。表2-1为 FANUC 数控系统的 G 功能指令。

表2-1　FANUC 数控系统的 G 功能指令

G 代码	组别	功能	指令格式
G00	01	快速定位	G00 X（U）__ Z（W）__
G01		直线插补	G01 X（U）__ Z（W）__ F__ 倒直角：G01 X（U）__ Z（W）__ C__ F__ 倒圆角：G01 X（U）__ Z（W）__ R__ F__
G02		顺时针圆弧插补	G02 X（U）__ Z（W）__ R__ F__ G02 X（U）__ Z（W）__ I__ K__ F__
G03		逆时针圆弧插补	G03 X（U）__ Z（W）__ R__ F__ G03 X（U）__ Z（W）__ I__ K__ F__
G04	00	进给暂停	G04 P__
G09		准确停止（铣）	
G20	06	英制单位设定输入	
G21		米制单位设定输入	

（续）

G 代码	组别	功能	指令格式
G28	00	从中间点返回参考点	G28 X（U）__ Z（W）__
G29		从参考点返回	G29 X（U）__ Z（W）__
G30		返回第 2、3、4 参考点	G30 X（U）__ Z（W）__
G43	08	刀具长度正向补偿	G43 Z __ H __
G44		刀具长度负向补偿	G44 Z __ H __
G49		取消刀具长度补偿	G49 G00/G01 Z __（F __）
G40	07	刀具半径补偿取消	G40 G00/G01 X（U）__ Z（W）__
G41		刀具半径左补偿	G41 G00/G01 X（U）__ Z（W）____
G42		刀具半径右补偿	G42 G00/G01 X（U）__ Z（W）____
G54	14	工件坐标系选择	
G55			
G56			
G57			
G58			
G59			
G71	00	轴向粗车复合固定循环	G71 U（Δd）R（e） G71 P（ns）Q（nf）U（Δu）W（Δw）F __
G72		端面车削复合固定循环	G72 W（Δd）R（e） G72 P（ns）Q（nf）U（Δu）W（Δw）F __
G73		轮廓车削复合固定循环	G73 U（Δi）W（Δk）R（d） G73 P（ns）Q（nf）U（Δu）W（Δw）F __
G76		螺纹车削复合固定循环	G76 P（m）（r）（a）Q（Δd_{min}）R（d） G76 X（U）_Z（W）_R（i）P（k）Q（Δd）F __
G92	01	螺纹车削固定循环（车）	G92 X（U）__ Z（W）__ R __ F __
	00	工件坐标系设定（铣）	
G90	03	绝对坐标编程（铣）	
G91		相对坐标编程（铣）	
G94	05	每分钟进给（铣）	
G95		每转进给（铣）	
G96	02	恒线速度控制	
G97		每分钟转数	

G 指令通常有两种：

1）非模态 G 指令。这种指令只有在被指定的程序段内才有意义。

2）模态 G 指令。这种指令在同组其他的 G 指令出现以前一直有效。不同组的 G 指令，在同一程序段中可以指定多个。数控系统的大部分 G 功能指令都属于模态指令，主要是为了书写和阅读程序方便。

（3）尺寸字　尺寸字由地址码、"＋"符号、"－"符号及绝对值（或增量）的数值构成。尺寸字的地址码有 X、Y、Z、U、V、W、P、Q、R、A、B、C、I、J、K、D、H 等。

示例：X20 Y－40；

尺寸字的"＋"可省略。

地址码中英文字母的含义见表 2－2。

表 2－2　地址码中英文字母的含义

地址码	含义
O、P	程序号、子程序号
N	程序段号
X、Y、Z	X、Y、Z 方向的主运动
U、V、W	平行于 X、Y、Z 坐标轴的第二坐标系
P、Q、R	平行于 X、Y、Z 坐标轴的第三坐标系
A、B、C	绕 X、Y、Z 坐标轴的转动
I、J、K	圆弧中心坐标
D、H	补偿号

（4）进给功能字

1）数控铣床的进给速度指令。数控铣床的进给速度指令是由地址 F 及其后面的数字组成的，单位为 mm/min。F 指令是一个模态指令，在未出现新的 F 指令以前，F 指令在后面的程序中一直有效。

示例：

N40　G01 X20 Y50 F200；

N50　G01 X50 Y70；

N60　G01 X200 Y900 F300；

N40 程序段中，G01 直线插补，目标坐标值是（X20，Y50），进给速度是 200 mm/min，以后的程序段中是同一进给速度（200 mm/min），F 功能指令可省略。直至 N60 程序段，F300 指令出现，F200 指令才取消，而开始执行新的 F300 指令。

2）数控车床的进给指令。数控车床的进给指令由 F 及其后面的数字组成。一般数控系统对进给速度有两种设置方法，即每分钟进给和每转进给，其单位分别是 mm/min 和 mm/r，如 F1 表示 1 mm/r。选择何种进给设置方法，与实际加工的工件材料、刀具及工艺要求等有关。

（5）主轴转速功能字　由地址码 S 及其后面的若干位数字组成，单位为转速单位(r/min)。

例如，S800 表示主轴转速为 800 r/min。

（6）刀具功能字　刀具功能指令由地址功能码 T 及其后面的若干数字组成。刀具号用 T 后面的数字表示，常见的表示方法有以下两种。

1）T 后面的数字表示刀具号，如 T01～T99，适用于数控铣床及加工中心。

2）T 后面的数字表示刀具号和刀具补偿号（刀尖位置补偿、半径补偿、长度补偿量的补偿号），适用于数控车床。例如 T0202，表示选择 02 号刀具，用 02 号补偿量。

（7）辅助功能字（M 功能）　辅助功能是表示一些机床辅助动作的指令，用地址码 M 及其后面的两位数字表示。表 2-3 为 FANUC 数控系统常用 M 功能指令。

表 2-3　FANUC 数控系统常用 M 功能指令

M 代码	功能	指令格式
M00	程序暂停	
M02	主程序结束	
M03	主轴正转起动	M03　S __
M04	主轴反转起动	M04　S __
M05	主轴停转	
M06	换刀	
M08	切削液开启	
M09	切削液关闭	
M30	主程序结束并返回程序起点	
M98	子程序调用	M98 P△△△△ × × × ×
M99	子程序结束	

（8）程序段结束　写在每一程序段之后，表示程序结束，常用";"表示。

任务实施

任务 1：根据坐标轴方向确定的原则和刀具相对工件运动的原则确定图 2-1 中坐标轴方位。

1）首先确定 Z 轴。取主轴轴线方向为 Z 轴方位，刀具远离工件方向为正向。

2）然后确定 X 轴。对于车床，X 轴与 Z 轴垂直，正方向为刀架横向远离主轴轴线的方向。

对于铣床，分为以下几种情况：

①对于立式铣床，Z 轴为铅垂方向，人正面面对主轴，向右为正 X 方向。

②对于卧式铣床，Z 轴为水平方向，人正面面对主轴，向左为正 X 方向。

任务 2：通过网络搜索车削的基本加工方法和实地到数控加工实训中心去参观了解，即可完成任务。

能力训练

1. 观察数控加工实训中心的其他数控机床，根据所学知识判断每种不同类别数控机床的坐标系。

2. 通过调用数控机床上的零件加工程序，验证数控加工程序的结构组成。

自测题

1. 选择题

（1）右手坐标系中大拇指、食指和中指分别表示（   ）。

    A. X 轴、Y 轴、Z 轴   B. X 轴、Z 轴、Y 轴

    C. Y 轴、Z 轴、X 轴   D. Y 轴、X 轴、Z 轴

（2）与机床主轴方向一致的坐标轴是（   ）。

    A. X 轴   B. Y 轴   C. Z 轴   D. A 轴

（3）机床生产厂家装配、调试时确定，用户一般不能随意改动（   ）。

    A. 工件原点   B. 机床参考点   C. 测量基点   D. 机床原点

（4）数控编程人员在数控编程和加工时使用的坐标系是（   ）。

    A. 右手坐标系   B. 机床坐标系

    C. 工件坐标系   D. 直角坐标系

（5）机床上电后首先要回零，即回（   ）。

    A. 对刀点   B. 工件原点   C. 参考点   D. 换刀点

（6）（   ）是指机床上一个固定不变的极限点。

    A. 机床原点   B. 工件原点   C. 换刀点   D. 对刀点

（7）数控机床的旋转轴之一 B 轴是绕（   ）直线轴旋转的轴。

    A. X 轴   B. Y 轴   C. Z 轴   D. 心轴

（8）确定机床坐标轴方向时以增大工件和刀具间距离的方向为（   ）。

    A. 负方向   B. 正方向

    C. 任意方向   D. 条件不足不确定

（9）下列（   ）不属于数控编程的范畴。

    A. 数值计算   B. 键入程序、制作介质

    C. 确定进给速度和走刀路线   D. 对刀、设定刀具参数

（10）数控机床有不同的运动形式，需要考虑工件与刀具相对运动关系及坐标系方向，编写程序时，采用（   ）的原则编写程序。

    A. 工件固定不动，刀具移动

    B. 刀具固定不动，工件移动

    C. 分析机床运动关系后再根据实际情况定

    D. 根据机床说明书规定

2．判断题

（1）数控机床的坐标运动是指工件相对于静止刀具的运动。（　　　）

（2）机床某一部件运动的正方向是增大工件和刀具之间距离的方向。（　　　）

（3）T0202 表示加工中心换 2 号刀。（　　　）

（4）G 代码可以分为模态 G 代码和非模态 G 代码。（　　　）

（5）F 为进给指令，其单位仅有 mm/min。（　　　）

（6）钻头的刀位点是钻尖，球头铣刀的刀位点是球尖。（　　　）

（7）非模态指令只能在本程序段内有效。（　　　）

（8）同组模态 G 代码可以放在一个程序段中，而且与顺序无关。（　　　）

（9）数控机床编程有绝对值编程和增量值编程，使用时不能将它们放在同一程序段中。
（　　　）

（10）增量尺寸指机床运动部件坐标尺寸值相对于前一位置给出。（　　　）

（11）G00、G01 指令都能使机床坐标轴准确到位，因此它们都是插补指令。（　　　）

（12）不同的数控机床可能选用不同的数控系统，但数控加工程序指令都是相同的。
（　　　）

（13）数控加工程序的顺序段号必须顺序排列。（　　　）

3．简答题

（1）数控加工编程的方法有哪几种？

（2）机床坐标确定的原则是什么？什么是机床原点和机床零点？

（3）什么是编程原点和工件原点？它们之间有何关系？

（4）程序段中包含的功能字有哪几种？程序段格式有哪些？

（5）什么是准备功能指令和辅助功能指令？它们的作用如何？

第二篇
数控车床编程与仿真加工

项目 3　斯沃(FANUC)数控车仿真软件的操作

学习目标

- 认识斯沃数控仿真软件界面。
- 会装夹毛坯、刀具和对刀。
- 会手动操作、MDI 方式操作。
- 会新建、输入、编辑、导入程序和自动运行程序。

任务导入

1. 零件图样

零件如图 3-1 所示。

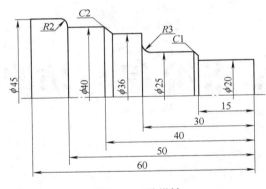

图 3-1　阶梯轴

2. 任务要求

毛坯尺寸为 $\phi47\text{mm} \times 100\text{mm}$，根据给出的加工程序，在数控车仿真软件中进行模拟加工。

知识准备

3.1　进入和退出

3.1.1　进入数控车仿真软件

在"开始→程序→斯沃数控机床仿真"菜单里单击"SWCNC"，或者在桌面双击图标，弹出登录窗口，如图 3-2 所示。

1）在左边文件框内选择"单机版"。

2）在右边的"数控系统"下拉列表框中选择所要使用的 FANUC 0iT 系统。

3）点选"机器码加密"或"软件狗加密"。

4）单击"运行"按钮，进入系统界面。

图 3 - 2　登录窗口

3.1.2　退出数控车仿真软件

单击仿真软件窗口的"关闭"按钮或在"文件"下拉菜单中选择"退出"命令，即可退出仿真软件。

3.2　工作界面

3.2.1　工作界面介绍

工作界面如图 3 - 3 所示。

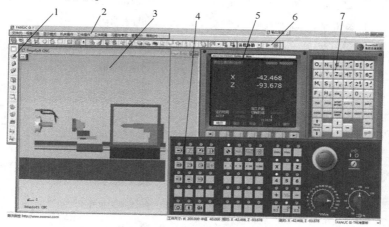

图 3 - 3　工作界面

1—操作工具条　2—菜单命令工具栏　3—主窗口屏幕　4—操作面板
5—数控系统显示屏　6—视图工具栏　7—编程面板

1. 操作工具条

操作工具条包括文件管理、参数设置、刀具管理、工件设置、快速模拟加工等。

2. 菜单命令工具栏

斯沃数控仿真软件的所有操作均可以通过菜单命令来完成。

3. 视图工具栏

常用工具栏中的工具在对应的菜单中都可找到，执行这些命令可以通过菜单执行，也可以通过视图工具栏按钮来执行。

4. 主窗口屏幕

显示机床整体，通过窗口切换可以在三种显示模式之间切换。

5. 数控系统显示屏

显示机床移动坐标值，有相对坐标、绝对坐标和综合坐标。

6. 操作面板

通过操作面板上的各种按钮进行相应的操作。

7. 编程面板

用于程序编辑、参数输入等。

3.2.2 工具条简介

全部命令可以通过屏幕左侧操作工具条及上方的视图工具栏上的按钮来执行。当光标指向各按钮时，系统会立即提示其功能名称，同时在屏幕底部的状态栏里显示该功能的详细说明。

常用工具栏按钮如下：

建立新 NC 文件	Y-X 平面选择
打开保存的文件(如 NC 文件)	机床罩壳切换
保存文件(如 NC 文件)	工件测量
另存文件	声控
机床参数	坐标显示
刀具库管理	切削液显示
工件显示模式	毛坯显示
选择毛坯大小、工件坐标等参数	零件显示
开关机床门	透明显示
铁屑显示	ACT 显示
屏幕安排：以固定的顺序来改变屏幕布置的功能	显示刀位号
屏幕整体放大	刀具显示
屏幕整体缩小	刀具轨迹
屏幕放大、缩小	在线帮助
屏幕平移	录制参数设置
屏幕旋转	录制开始
X-Z 平面选择	录制结束
Y-Z 平面选择	示教功能开始和停止

3.3 文件管理菜单

保存的文件格式有三种，分别是程序文件（＊.nc）、刀具文件（＊.ct）和毛坯文件（＊.wp）。

打开：相应的对话框被打开，可选择所要的代码文件，完成后相应的 NC 代码显示在 NC 窗口里。在全部代码被加载后，程序自动进入自动运行方式；在屏幕底部显示代码读入进程。

新建：该命令可以新建一个程序文件。如果系统存在相同的程序文件，则会调出该文件。

保存：保存在屏幕上编辑的代码。对新加载的已有文件执行这个命令时，系统对文件不加任何改变地保存，并且不论该文件是不是刚刚加载的，请求给一个新文件名。

另存为：把文件以区别于现有文件不同的新名称保存下来，如图 3－4 所示。

加载项目文件：把各相关的数据文件（. wp 工件文件；. nc 程序文件；. ct 刀具文件）保存到一个工程文件里（扩展名为. pj），此文件称为项目文件。这个功能用于在新的环境里加载保存的文件。

3.3.1 参数设置

单击下拉菜单"机床操作"→"参数设置"，如图 3－5 所示。

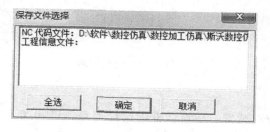

图 3－4 执行"另存为"菜单命令

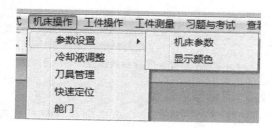

图 3－5 参数设置

1. 机床参数设置

选择"机床参数"命令选项后，打开相应对话框，如图 3－6 所示，在"机床操作"选项卡中可以选择"刀架位置"和"刀架位数"；在"换刀速度控制"和"夹具装夹速度控制"中通过拖动滑块可以选择合适的速度。

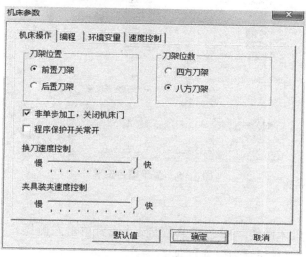

图 3－6 机床操作参数设置

如图 3-7 所示，在"编程"选项卡中，可以选择是否为脉冲混合编程。该选项常选择默认项。

如图 3-8 所示，在"速度控制"选项卡中，通过调节"加工图形显示加速"和"显示精度"可以获得合适的仿真软件运行速度。

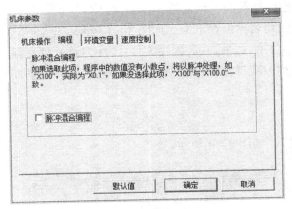

图 3-7　编程参数设置

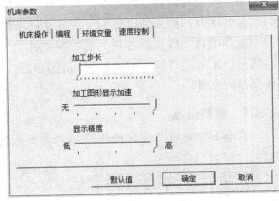

图 3-8　速度控制

2. 显示颜色设置

选择"显示颜色"命令选项后，打开相应对话框；在对话框中选择刀路轨迹和加工后工件显示颜色后，单击"确定"按钮，如图 3-9 所示。

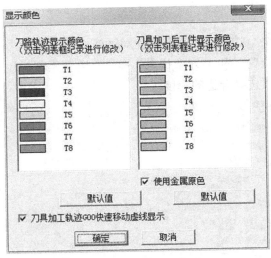

图 3-9　显示颜色设置

3.3.2　刀具管理

单击下拉菜单"机床操作"→"刀具管理"，或者单击左侧操作工具条中的 ![icon]，即可打开图 3-10 所示的"刀具库管理"对话框。

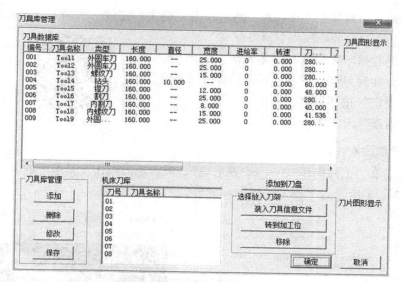

图 3 - 10　"刀具库管理"对话框

单击"添加"按钮后进行下列操作：

①输入刀具号。

②输入刀具名称。

③可选择外圆车刀、割刀、内割刀、钻头、镗刀、螺纹刀、内螺纹刀等，如图 3 - 10 所示。

④可定义各种刀片、刀片边长及厚度。

⑤单击"确定"按钮，即可添加到刀具管理库中。

例如圆头刀的添加操作如下：

①单击"添加"按钮，弹出"添加刀具"对话框，如图 3 - 11 所示。

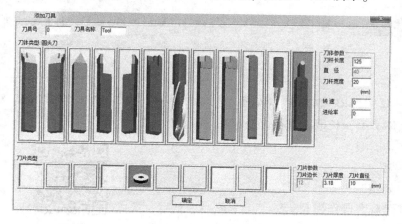

图 3 - 11　"添加刀具"对话框

②选择"添加刀具"对话框中最右边的圆头刀，弹出"SRDCN 刀具"对话框，如图 3 - 12 所示。

③在"SRDCN 刀具"对话框中选择所需的刀具后单击"确定"按钮，返回到"添加刀

具"对话框；输入刀具号和刀具名称，然后单击"确定"按钮，添加刀具完成。

将刀具添加到刀架的操作如下：

①在"刀具数据库"里选择所需刀具，如01号刀具。

②单击"添加到刀盘"按钮，再选择合适的刀位。

③单击"确定"按钮即可。

请扫二维码观看操作视频。

0301

3.3.3　工件参数及附件

单击下拉菜单"工件操作"→"设置毛坯"，或者单击操作工具条中的 🌑 →"设置毛坯"，打开图3－13所示的"设置毛坯"对话框。

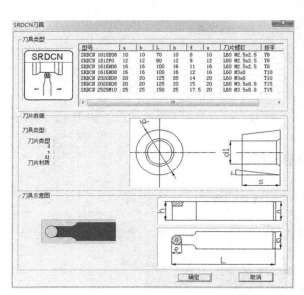

图3－12　"SRDCN刀具"对话框

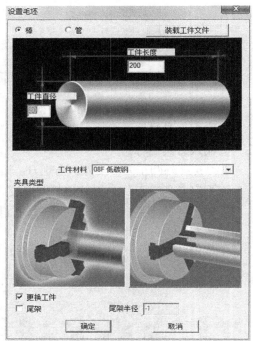

图3－13　"设置毛坯"对话框

①定义毛坯类型，长度、直径以及材料。

②定义夹具类型。

③选择尾架。

④单击"确定"按钮。

请扫二维码观看操作视频。

0302

3.3.4　快速模拟加工

1）在"EDIT"方式下编程。

2）选择好刀具。

3）选择好毛坯、工件零点。

4）模式旋钮置于"AUTO"位置。

5）无须加工，可单击 进行快速模拟加工。

3.3.5　工件测量

测量的三种方式是：①特征点；②特征线；③表面粗糙度分布。

工件测量时，可用计算机数字键盘上的向上、向下、向左和向右光标键测量尺寸，也可利用输入对话框的方式测量。

请扫二维码观看操作视频。

0303

3.4　基本操作

3.4.1　回参考点

1）单击回零按钮 ，使其上方指示灯高亮显示。

2）选择各轴 并按住按钮，即回参考点。数控车床中常常是先回 X 轴后回 Z 轴。

请扫二维码观看操作视频。

0304

3.4.2　手动移动机床轴

手动移动机床轴的方法有三种。

方法一：快速移动 ，这种方法用于较长距离的工作台移动。

1）置模式旋钮于"JOG"位置。

2）选择各轴，单击方向键 ，机床各轴移动，松开后停止移动。

3）单击 按钮，各轴快速移动。

方法二：增量移动 ，这种方法用于微量调整，如用在对基准操作中。

1）置模式在 位置：选择 步进量。

2）选择各轴，每按一次，机床各轴移动一步。

方法三：操纵"手轮" ，这种方法用于微量调整。在实际生产中，使用手脉可以让操作者容易地控制和观察机床移动。"手脉"在软件界面右上角，单击 即出现。

请扫二维码观看操作视频。

0305

3.4.3　开、关主轴

1）置模式旋钮在"JOG"位置。

2）单击 按钮，机床主轴正反转；单击 按钮，主轴停转。

请扫二维码观看操作视频。

0306

3.4.4　启动程序加工零件

1）置模式旋钮在"AUTO"位置 。

2）选择一个程序（参照下面介绍的选择程序方法）。

3）按程序启动按钮 。

3.4.5 试运行程序

试运行程序时，机床和刀具不切削零件，仅运行程序。

1）置为■模式。

2）选择一个程序，如 O0001，单击↓按钮调出程序。

3）按程序启动按钮■。

3.4.6 单步运行

1）置单步开关于"ON"位置。

2）程序运行过程中，每单击一次■按钮执行一条指令。

3.4.7 选择一个程序

有两种方法进行选择。

1. 按程序号搜索

1）模式旋钮置于"EDIT"位置。

2）单击 PROG 键，输入字母"O"。

3）单击 键，输入数字"7"，即输入搜索的号码为"O7"。

4）单击↓键开始搜索；找到后，"O7"显示在屏幕右上角程序号位置，"O7"数控程序显示在屏幕上。

2. 按程序号检索

1）模式旋钮置于"AUTO"位置。

2）单击 PROG 键，输入字母"O"。

3）单击 键，输入数字"7"，即键入搜索的号码"O7"。

4）单击 操作 → O检索 软键，"O7"数控程序显示在屏幕上。

5）可输入程序段号"N30"，单击 N检索 软键搜索程序段。

请扫二维码观看操作视频。

0307

3.4.8 删除一个程序

1）模式旋钮置于"EDIT"位置。

2）单击 PROG 键，输入字母"O"。

3）单击 键，输入数字"7"，即输入要删除的程序的号码"O7"。

4）单击 DELTE 键，"O7"数控程序被删除。

3.4.9 删除全部程序

1）模式旋钮置于"EDIT"位置。

2）单击 PROG 键，输入字母"O"。

3）输入"-9999"。

4）单击 DELTE 键，全部程序被删除。

3.4.10　搜索一个指定的代码

一个指定的代码可以是一个字母或一个完整的代码，如："N0010""M""F""G03"等。搜索应在当前程序内进行。操作步骤如下：

1）选择在"AUTO" ➖ 或"EDIT" ◿ 模式下。

2）单击 PROG 键。

3）选择一个数控程序。

4）输入需要搜索的字母或代码，如"M""F""G03"。

5）单击 〖BG-EDT〗〖O检索〗〖检索▼〗〖检索▲〗〖REWIND〗 中的 〖检索▼〗软键，开始在当前程序中搜索。

3.4.11　编辑数控程序（删除、插入、替换操作）

1）模式置于"EDIT" ◿ 。

2）单击 PROG 键。

3）输入被编辑的数控程序名，如"O7"，单击 INSERT 键即可编辑。

4）移动光标到要编辑的程序代码。

方法一：单击 ↑PAGE 键或 PAGE↓ 键翻页，单击 ▼ 键或 ▲ 键移动光标到程序代码。

方法二：用搜索一个指定代码的方法移动光标到程序代码。

5）程序输入。

① 输入数据：用鼠标单击数字/字母键，程序代码被输入到输入区。当输完一行程序时，单击 EOB 键，再单击 INSERT 键，即可将整行程序输入到显示屏。当输入有误时，可用 CAN 键删除输入区内的数据。

② 自动生成程序段号输入：单击 OFFSET/SETTING → 数据 键，如图 3-14 所示，在参数页面顺序号中输入"1"，所编程序自动生成程序段号，如：N010、N020。

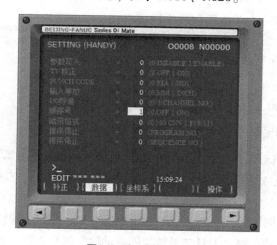

图 3-14　参数页面

③ 删除、插入、替代：

单击 DELTE 键，删除光标所在的代码。

单击 INSERT 键，将输入区的内容插入到光标所在代码后面。

单击 ALTER 键，用输入区的内容替代光标所在的代码。

请扫二维码观看操作视频。

0308

3.4.12 通过操作面板手工输入数控程序

1）置模式开关在"EDIT"位置。

2）单击 PROG 键，再单击 DIR 软键进入程序页面。

3）单击 键，输入"O7"程序名（输入的程序名不可以与已有程序名重复）。

4）单击 EOB E →INSERT 键，开始输入程序。

5）单击 EOB E →INSERT 键，换行后再继续输入。

请扫二维码观看操作视频。

0309

3.4.13 从计算机导入一个程序

数控程序可在计算机上通过新建文本文件编写，文本文件（∗.txt）扩展名可以修改为 ∗.nc 或 ∗.cnc，也可以保持不变。

1）选择"EDIT"模式，单击 PROG 键切换到程序页面。

2）新建程序名"Oxxxx"，单击 INSERT 键进入编程页面。

3）单击 命令，打开计算机目录下的文本文件，程序显示在当前屏幕上。

请扫二维码观看操作视频。

0310

3.4.14 MDI 手动数据输入

1）单击 按钮，切换到"MDI"模式。

2）单击 PROG 键，单击按 MDI 软键→INSERT 键，自动插入程序段号"N010"，输入程序，如"G00 X50"。

3）单击 INSERT 键，"N010 G0 X50"程序被输入。

4）单击 程序启动按钮。

请扫二维码观看操作视频。

0311

3.4.15 车床对刀

FANUC 0iT 系统数控车床上工件零点设置有以下几种方法。

1. 直接用刀具试切对刀

1）用外圆车刀先试切一个外圆，测量外圆直径后，单击 OFFSET SETTING 键→ 补正 软键→ 形状 软键，输入"X 外圆直径值"，单击 测量 软键，刀具 X 补偿值即自动输入到几何形状里。

2）用外圆车刀再试切端面，单击 OFFSET SETTING 键→ 补正 软键→ 形状 软键，输入"Z 0"，单击 测量 软键，刀具 Z 补偿值即自动输入到几何形状里。

请扫二维码观看操作视频。

0312

2．用 G50 设置工件零点

1）用外圆车刀先试切一段外圆，单击 <kbd>POS</kbd> 键→■ 相对 ■软键，单击 <kbd>SHIFT</kbd>键→<kbd>X_u</kbd>键，这时 U 坐标在闪烁。单击【 ORIGIN 】软键置零，测量工件外圆直径后，选择 "MDI" 模式，输入 "G01 U－××（××为测量直径）F100"，切端面到中心。

2）选择 " MDI" 模式，输入 "G50 X0 Z0"，单击循环启动按钮 ，把当前点设为零点。

3）选择 "MDI" 模式，输入 "G00 X150 Z150"，单击循环启动按钮 ，使刀具离开工件。这时程序开始句应为 "G50 X150 Z150 ……"。

请扫二维码观看操作视频。

0313

注意：① 如用 "G50 X150 Z150"，程序起点和终点必须一致，即（X150，Z150），这样才能保证重复加工不乱刀。

② 如用第二参考点 G30，即能保证重复加工不乱刀，这时程序开头应为：

G30 U0 W0；

G50 X150 Z150；

在 FANUC 系统里，第二参考点的位置在参数里设置，对刀后刀具回到（X150，Z150）后，单击鼠标右键出现图 3－15 所示画面，单击左键选择 "存入第二参考点"。

3．在工件移界面设置工件零点

单击 FANUC 0i 系统的 <kbd>OFFSET SETTING</kbd> 键，弹出工件移界面，如图 3－16 所示，可输入零点偏移值。

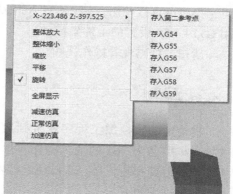

图 3－15　第二参考点

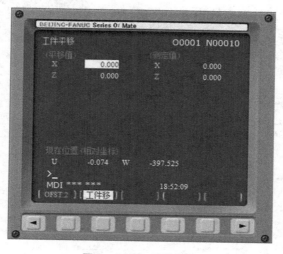

图 3－16　工件移界面

操作过程如下：

1）用外圆车刀先试切工件端面至中心，这时 X、Z 坐标的位置，如（X－260，Z-395），直接输入到偏移值里。

2）单击 按钮，选择回参考点方式，单击 x、z 回参考点，这时工件零点坐标即建立。

注意：①建立的零点一直保持，只有重新设置偏移值 Z0 才清除。

②加工程序开头要用 G54。

请扫二维码观看操作视频。

0314

4. 用 G54～G59 设置工件零点

操作过程如下：

用外圆车刀先试切端面至中心处，按 OFFSET/SETTING 键→ 坐标系 软键，如选择 G55，输入（X0，Z0），单击 测量 软键，工件零点坐标即存入 G55 里，程序可直接调用，如"G55 X60 Z50…"。注意：可用 G53 指令清除用 G54～G59 设置的工件坐标系。

请扫二维码观看操作视频。

0315

任务实施

将给定的数控加工程序输入到数控系统或从文件导入扩展名为 .txt 的加工程序，然后依次进行毛坯安装、刀具安装、对刀和自动运行程序四步操作。

操作过程如下：

1）从文件导入 O0301 程序。进入数控车仿真软件，先进行常规操作（急停按钮弹出、程序保护钥匙打开、机床回零和打开数控系统内存中任意一个已存在的程序），数控系统显示屏在如图 3-17 所示状态下，再导入 O0301 程序，如图 3-18 所示。

图 3-17　数控系统显示屏

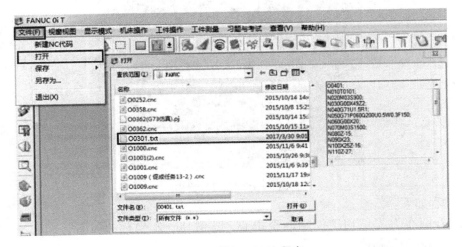

图 3-18　导入 O0301 程序

2）安装材料为"08F 低碳钢"、尺寸为 $\phi47mm \times 100mm$ 的毛坯，如图 3-19 所示。

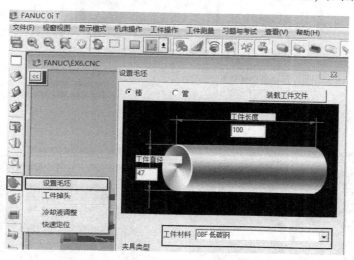

图 3-19　安装毛坯

3）选择主偏角为 75° 的外圆车刀，如图 3-20 所示，并添加到刀盘 1 号刀位。

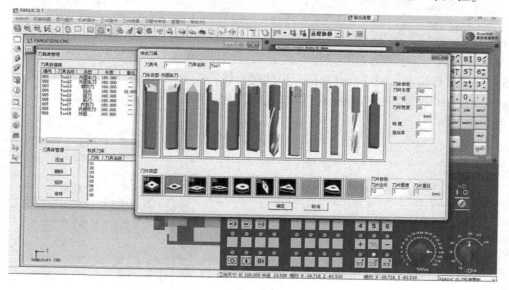

图 3-20　添加刀具

4）采用试切法对刀。可以采用快速对刀法，即快速定位刀具至毛坯右端面中心，如图 3-21 所示。在刀补界面内，将光标移动到番号 G 001 右侧的"X"下方，输入 X0 后单击 测量 软键，如图 3-22 所示。然后将光标右移到"Z"下方，输入 Z0 后单击 测量 软键，如图 3-23 所示。对刀完毕。

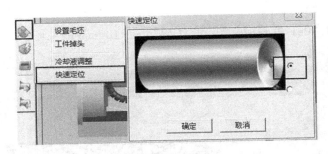

图 3 - 21　快速定位

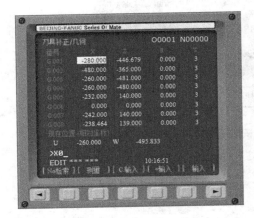

图 3 - 22　建立 X 向刀补

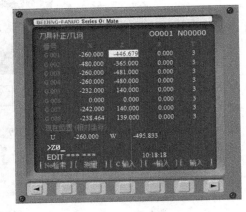

图 3 - 23　建立 Z 向刀补

5）自动运行程序。切换到自动运行模式■，然后关上机床门，在"显示模式"中取消勾选"显示车床"，如图 3 - 24 所示，再单击循环启动按钮■即可自动加工。

加工程序如下：

```
O0301;
N010 T01 01;
N020 M03 S900;
N030 G00 X49 Z2;
N040 G71 U1.5 R1;
N050 G71 P060 Q200 U0.5 W0.3 F150;
N060 G00 X20;
N070 M03 S1500;
N080 Z-15;
N090 X23;
N100 X25 Z-16;
N110 Z-27;
N120 G02 X31 Z-30 R3;
N130 G01 X36;
N140 Z-38;
N150 X40 Z-40;
N160 Z-50;
```

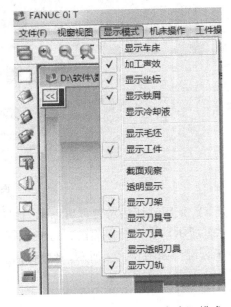

图 3 - 24　取消勾选"显示车床"模式

```
N170 X41；
N180 G03 X45 Z-52 R2；
N190 G01 Z-60
N200 X48；
N210 G70 P060 Q200；
N220 G00 X100 Z80；
N230 T0100；
N240 M30；
```

0316

请扫二维码观看操作视频。

能力训练

　　根据已知数控加工程序 O0302，在数控车仿真软件上仿真加工图 3-25 所示短轴零件，毛坯尺寸为 $\phi 42mm \times 90mm$。

```
O0302；
N010 T0101；
N020 M03 S900；
N030 G00 X44 Z2；
N040 G71 U1.5 R1；
N050 G71 P060 Q160 U0.5 W0.3 F150；
N060 G00X18；
N070 M03 S1500；
N080 G01 Z0 F75；
N090 X22 Z-2；
N100 Z-20；
N110 X30；
N120 Z-38；
N130 G02 X34 Z-40 R2；
N140 G01 X40；
N150 Z-55；
N160 X43；
N170 G70 P060 Q160；
N180 G00 X100 Z80；
N190 T0100；
N200 M30；
```

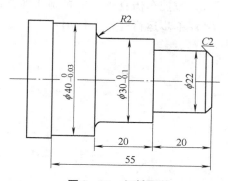

图 3-25　短轴零件

━━━━━ **自测题** ━━━━━

1. 选择题

（1）以下（　　）图标表示循环（程序）启动按钮。

A. ⬛　　　B. ⬛　　　C. ⬛　　　D. ⬛

（2）保存的文件中，表示程序文件的扩展名是（　　）。

    A．＊.pj　　　　　　B．＊.nc　　　　　　C．＊.wp　　　　　　D．＊.ct

（3）下列图标中表示刀具管理的是（　　）。

    A．　　　　　　　B．　　　　　　　C．　　　　　　　D．

（4）选中刀具后，单击（　　）可将刀具安装到某刀位。

    A．"添加"　　　　　　　　　　　B．"转到加工位"

    C．"装入刀具信息文件"　　　　　D．"添加到刀盘"

（5）用鼠标左键双击选中的刀具，可以对刀具进行（　　）操作。

    A．添加　　　　B．删除　　　　C．修改　　　　D．保存

（6）";"为程序段结束符，仿真软件中单击（　　）键进行输入。

    A．POS　　　　B．PROG　　　　C．INSERT　　　　D．EOB E

（7）在编辑方式下进入"程序"界面，单击（　　）可以查看数控系统已存在的程序。

    A．DIR　　　　B．REWIND　　　　C．程序　　　　D．O检索

（8）程序保护键（即钥匙开关）打开才能编辑、输入新程序，程序保护键是（　　）。

    A．　　　　　　　B．　　　　　　　C．　　　　　　　D．

2．简答题

（1）简述数控车床的几种对刀方式。

（2）数控车仿真软件中有哪几种方式让主轴转动起来？

（3）数控车仿真软件中有哪几种方式换刀？

（4）单步运行有什么作用？

项目 4　数控车削加工工艺分析

学习目标

- 能够根据加工内容选择合适的车削方法。
- 会识别、选用车刀。
- 会选择合适的切削用量。
- 会安装刀具和工件。
- 会编制数控车削加工刀具选用卡和加工工序卡片。

任务导入

1. 零件图样

零件图样如图 4 - 1 所示。

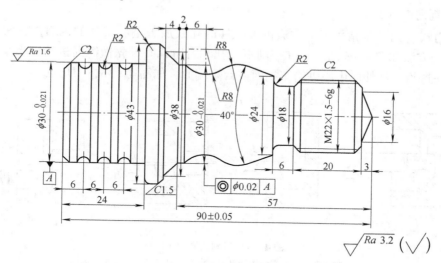

图 4 - 1　轴类零件

2. 任务要求

分析图 4 - 1 所示轴类零件的数控加工工艺，并编制数控车削加工刀具选用卡和数控车削加工工序卡片。

4.1 数控车削基本认知

4.1.1 工艺范围

1. 车削外圆

车削外圆是最常见、最基本的车削方法。图 4 - 2 所示为使用各种不同的车刀车削外圆（包括车削外环形槽）的方法。

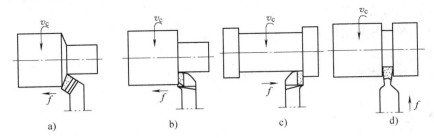

图 4 - 2 车削外圆

a) 45°偏刀车削外圆 b) 90°右偏刀车削外圆 c) 90°左偏刀车削外圆 d) 车削外环形槽

2. 车削内圆（孔）

车削内圆（孔）是指用车削方法扩大工件的孔或加工空心工件的内表面，常见的车削内圆（孔）方法如图 4 - 3 所示。在车削不通孔和台阶孔时，先做纵向进给，当车到孔的根部时再横向进给，从外向中心进给车端面或台阶端面，如图 4 - 3b、c 所示。

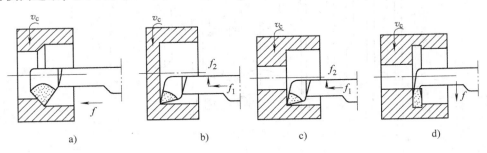

图 4 - 3 车削内圆（孔）

a) 车削通孔 b) 车削不通孔 c) 车削台阶孔 d) 车削内槽

3. 车削平面

车削平面主要指车端平面（包括台阶端面），常见的方法如图 4 - 4 所示。图 4 - 4a 所示为使用 45°偏刀车削平面，可采用较大的背吃刀量，切削顺利，表面光洁，大、小平面均可车削；图 4 - 4b 所示为使用 90°右偏刀从外向中心进给车削平面，适用于加工尺寸较小的平面或一般的台阶端面；图 4 - 4c 所示为使用 90°右偏刀从中心向外进给车削平面，适用于加工中心带孔的端面或一般的台阶端面；图 4 - 4d 所示为使用 90°左偏刀车削平面，刀头强度较高，适宜车削较大平面，尤其是铸锻件的大平面。

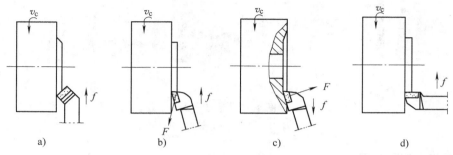

图 4 - 4　车削平面

a）45°偏刀车削平面　b）90°右偏刀车削平面（自外向中心进给）

c）90°右偏刀车削平面（自中心向外进给）　d）90°左偏刀车削平面

4. 孔加工

在数控车床上可以进行钻中心孔、钻孔和铰孔加工，如图 4 - 5 所示。

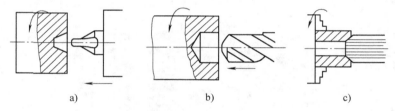

图 4 - 5　孔加工

a）钻中心孔　b）钻孔　c）铰孔

5. 车削螺纹

在数控车床上可以进行螺纹加工，如图 4 - 6 所示。

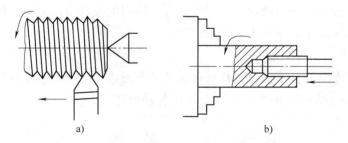

图 4 - 6　螺纹加工

a）车外螺纹　b）攻内螺纹

4.1.2　毛坯类型及选择

零件的毛坯有铸件、锻件和型材（如圆钢、方钢）等，如图 4 - 7 所示，应根据生产纲领和批量、零件的结构形状和尺寸大小、零件的力学性能、工厂现有设备和技术水平以及技术经济性综合考虑选择毛坯类型、材料、尺寸规格、表面质量及力学性能。

图 4-7　毛坯类型

a）圆钢　b）方钢　c）铸件　d）锻件

4.1.3　车刀类型及选用

数控车床刀具按照用途可分为外圆车刀、端面车刀、内孔车刀、切槽刀、切断刀、螺纹车刀等。

1. 外圆车刀

外圆车刀用于加工外圆柱表面和外圆锥表面，如图 4-8 所示。

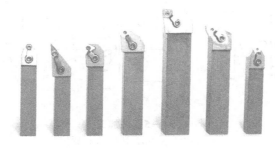

图 4-8　各种外圆车刀

2. 端面车刀

端面车刀用于加工工件的端面，一般由工件外圆向中心进给；加工带孔的端面时，也可以由工件中心向外圆进给，如图 4-4 所示示例。

3. 内孔车刀

内孔车刀用于车削孔内表面，工作条件比外圆车刀差，车刀的刀杆伸出长度和刀杆截面尺寸都受到加工孔的尺寸限制。图 4-9 所示为各种内孔车刀。

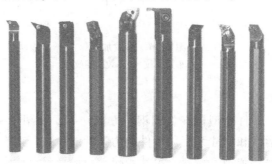

图 4-9　内孔车刀

4．切槽刀和切断刀

切断刀用于切断工件或切窄槽，切断刀和切槽刀结构形式相同，不同点在于切槽刀刀头伸出长度和宽度取决于所加工工件槽的深度和宽度，而切断刀为了切断工件和尽量减少工件材料损耗，刀头必须伸出很长且宽度很小。图4-10、图4-11所示为外切槽刀和内切槽刀。

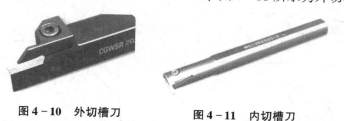

图4-10　外切槽刀　　　　　图4-11　内切槽刀

5．螺纹车刀

螺纹加工时一般使用螺纹车刀。图4-12所示依次为加工普通螺纹、矩形螺纹、梯形螺纹和模数螺纹时使用的螺纹车刀。

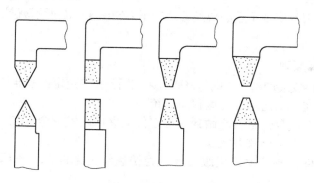

图4-12　螺纹车刀

数控车床刀具按结构又可分为整体式车刀、焊接式车刀、机械夹固式车刀和可转位式车刀。

6．整体式车刀

整体式车刀主要是整体式高速钢车刀，它由高速钢刀条按要求磨制而成，如图4-13所示，俗称"白钢刀"。

7．硬质合金焊接车刀

它是将一定形状的硬质合金刀片，用铜或其他焊料将刀片钎焊在普通碳钢刀杆上，再经刃磨而成的，如图4-14所示。

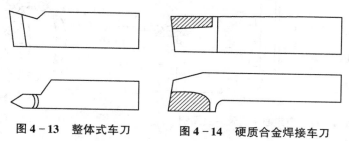

图4-13　整体式车刀　　　　图4-14　硬质合金焊接车刀

8. 机械夹固式车刀

它是将标准硬质合金刀片用机械夹固的方法安装在刀杆上，按夹紧方式的不同可分为上压式和侧压式两种，如图4-15、图4-16所示。

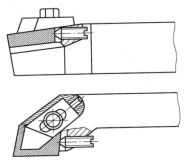 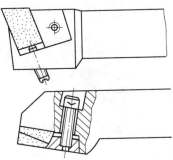

图4-15　上压式机械夹固车刀　　　图4-16　侧压式机械夹固车刀

9. 可转位式车刀

它是利用可转位刀片实现不重磨快换刀片的车刀，图4-10所示就是一把可转位式切槽刀。

4.1.4　工件装夹

1. 装夹方式选择原则

在数控机床上工件安装的基本原则与普通机床相同，在确定定位基准与夹紧方案时，应注意：

1）力求设计基准、工艺基准与编程原点统一。

2）尽量减少装夹次数，尽可能做到一次定位装夹后能完成全部加工。

3）避免采用占机人工调整方案。

4）对于细长杆件，要考虑使用跟刀架。为快速装夹工件，可考虑使用自动夹紧拨盘、液压或气动尾座。

2. 卧式车削常用装夹方式

（1）自定心卡盘装夹　图4-17所示为自定心卡盘结构及装夹图例，自定心卡盘装夹是数控车床中常用的装夹方式。

（2）单动卡盘装夹　单动卡盘结构如图4-18所示。单动卡盘装夹也是数控车床中常见的装夹方式。由于有四个独立运动的卡爪，因此装夹工件时每次都必须仔细找正工件位置，使工件的中心线与车床主轴的旋转轴线重合。

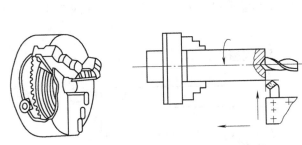 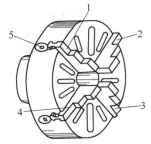

图4-17　自定心卡盘及装夹图例　　　图4-18　单动卡盘结构

　　　　　　　　　　　　　　　　　1、2、3、4—卡爪　5—丝杠方孔

（3）双顶尖装夹工件　对于较长的或必须经过多次装夹才能完成加工的轴类工件，如长轴、长丝杠、光杆等细长轴类零件，以及在车削后还要铣削或磨削的工件，可采用此种方式装夹，如图 4-19 所示。

（4）一夹一顶装夹工件　用双顶尖装夹工件虽然精度高，但刚性较差。车削较重工件时要一端夹住，另一端用后顶尖顶住，如图 4-20 所示。

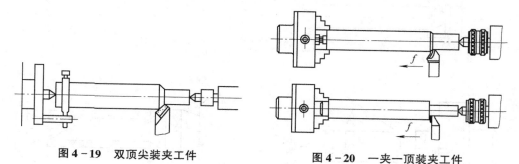

图 4-19　双顶尖装夹工件　　　　　　图 4-20　一夹一顶装夹工件

（5）用花盘及其附件装夹工件　对于外形复杂、形状不规则的异形工件，可以采用花盘及其附件来装夹。图 4-21 所示为花盘结构及用百分表对花盘平面度的检测，图 4-22 所示为花盘常用附件，图 4-23、图 4-24 所示为利用花盘及附件装夹连杆工件的两个示例。

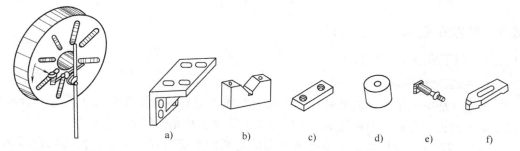

图 4-21　花盘结构及用百分
表对花盘平面度的检测

图 4-22　花盘常用附件
a）角铁　b）V 形块　c）平垫铁　d）平衡块　e）T 形螺钉　f）压板

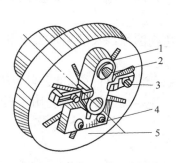

图 4-23　双孔连杆在花盘上的装夹
1—连杆工件　2—圆形压板　3—压板
4—V 形块　5—花盘

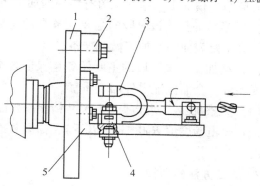

图 4-24　花盘角铁装夹连杆
1—花盘　2—平衡块　3—连杆工件
4—心轴　5—角铁

（6）内梅花顶尖拨顶装夹工件　当轴类零件一端有中心孔且加工余量较小时，可以采用这种装夹方法，如图4-25所示。

（7）外梅花顶尖拨顶装夹工件　当轴类零件两端有孔时可以采用这种装夹方式，如图4-26所示。

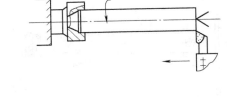

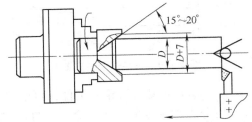

图4-25　内梅花顶尖拨顶装夹工件

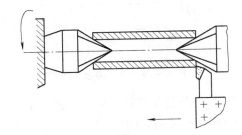

图4-26　外梅花顶尖拨顶装夹工件

4.2　数控车削加工工艺设计

4.2.1　加工阶段和加工方法

1.加工阶段的划分

当零件加工质量要求较高时，对于选定的零件毛坯，为了保证加工质量和合理使用设备，加工过程通常划分为粗加工、半精加工、精加工及光整加工几个阶段。

（1）粗加工　该阶段的主要任务是切除毛坯的大部分加工余量，使毛坯在形状和尺寸上接近零件成品。粗加工应注意两方面问题：在满足设备承受力的情况下提高生产效率；粗加工后应给半精加工或精加工留有均匀的加工余量。

（2）半精加工　该阶段的主要任务是使主要表面达到一定的精度，留有较少的精加工余量，为主要表面的精加工做好准备。

（3）精加工　该阶段的主要任务是保证各个主要表面达到图样的尺寸精度要求和表面粗糙度要求，全面保证零件加工质量。

（4）光整加工　对于零件上尺寸精度和表面粗糙度要求较高的零件（标准公差等级 IT6以上，表面粗糙度值 $Ra0.1mm$ 以下），需要进行光整加工。光整加工一般不能用于提高位置精度。

2.加工方法的选择

（1）外圆表面加工方法的选择　外圆表面的主要加工方法是车削和磨削。当表面粗糙度要求较高时，还要进行光整加工。常见加工方案如图4-27所示。

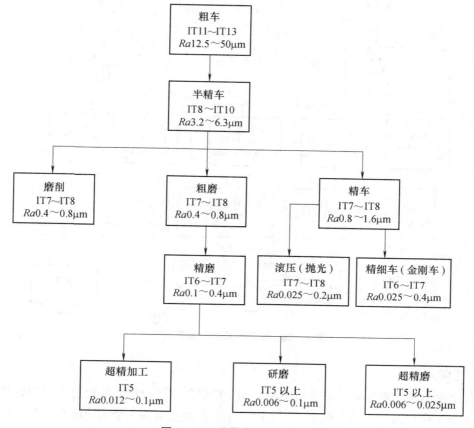

图 4 - 27　外圆表面加工方案

注意以下几点：

1）最终工序为车削的加工方案，适用于除淬火钢以外的各种金属材料。

2）最终工序为磨削的加工方案，适用于淬火钢、未淬火钢和铸铁，不适用于有色金属，因为有色金属韧性大，磨削时易堵塞砂轮。

3）最终工序为精细车或金刚车的加工方案，适用于要求较高的有色金属的精加工。

4）最终工序为光整加工，如研磨、超精磨及超精加工等，为提高生产效率和加工质量，一般在光整加工前进行精磨。

5）对于表面粗糙度要求高而尺寸精度要求不高的外圆，可采用滚压或抛光。

（2）内孔表面加工方法的选择　内孔表面加工方法有钻孔、扩孔、铰孔、镗孔、拉孔、磨孔和光整加工。图 4 - 28 所示为常用内孔表面加工方案，应根据被加工孔的加工要求、尺寸、具体生产条件、批量的大小及毛坯上有无预制孔等情况合理选择确定。

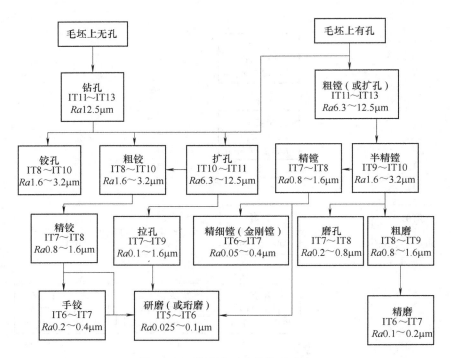

图 4-28　常用内孔表面加工方案

4.2.2　工序划分

安排零件的加工顺序时，除了合理划分加工阶段外，还应该正确确定工序的数目和工序内容。所谓工序是指一个或一组工人，在同一个工作地点对同一个或同时对多个工件所连续完成的那一部分工艺的过程。工序的划分可以采用两种不同的原则，即工序集中原则与工序分散原则。

1. 工序集中原则

工序集中原则是指每道工序包含尽可能多的加工内容，从而减少工序总数。数控车床加工特别适合采用工序集中原则，能够减少工件的装夹次数，提高表面之间的相对位置精度，减少夹具数量和装夹工件时间，从而极大地提高生产效率。

2. 工序分散原则

工序分散原则是使每道工序所包含的工作量尽量少。采用工序分散的优点是能够简化加工设备和工艺装配结构，使设备调整维修方便，有利于选择合理的切削用量，减少机动时间。其缺点是工艺路线较长，所需设备较多，占地面积大。

根据以上原则，工序划分的方法有以下几种：

（1）按照所用刀具划分　将使用同一把刀具完成的那部分工艺过程划分为一个工序。

（2）按照装夹次数划分　将每次装夹完成的那一部分工艺过程划分为一个工序。

（3）按照粗、精加工划分

（4）按照加工部位划分　将完成相同型面加工的那一部分工艺过程作为一道工序。

4.2.3 切削用量选择

1. 切削用量的含义

如图 4-29 所示，数控机床切削用量是指背吃刀量 a_p、进给量 f（或进给速度 v_f）和切削速度 v_c。

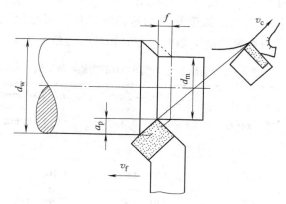

图 4-29 切削用量

（1）背吃刀量 a_p　背吃刀量又称切削深度，是指已加工表面和待加工表面之间的垂直距离。

（2）进给量　数控车床进给参量有两种表达方法：进给量 f 和进给速度 v_f。进给量 f 为工件（主轴）每转一周刀具沿进给方向相对于工件的移动距离，单位是 mm/r；进给速度 v_f 为刀具在单位时间内沿着进给方向相对于工件的位移距离，单位是 mm/min。进给量与进给速度之间的关系是：$v_f = nf$。

数控车削加工编程时，根据控制需要可以通过指令切换进给量或进给速度，如 FANUC 数控系统中，G98 指令代表每分钟进给（进给速度 v_f），G99 指令代表每转进给（f）。

（3）切削速度 v_c　切削刃上的切削点相对于工件运动的瞬时速度称为切削速度，单位为 m/min。在各种金属切削机床中，大多数切削加工的主运动都是机床主轴的旋转运动，切削速度与机床主轴转速之间的转换关系为

$$v_c = \frac{\pi d n}{1000}$$

式中　v_c——切削速度（m/min）；

d——工件直径（mm）；

n——主轴转速（r/min）。

2. 切削用量选择原则

切削用量的选择受生产率、切削力、切削功率、刀具寿命和加工表面粗糙度等许多因素的限制。选择切削用量应能达到零件的加工精度和表面粗糙度要求，在工艺系统强度和刚性允许的条件下充分利用机床功率和发挥刀具切削性能。

（1）背吃刀量（切削深度）的选择　粗加工时除精加工余量外，一次进给尽可能

切除全部余量，a_p 可达 1～2mm；半精加工时 a_p 取为 0.5～1mm，精加工时 a_p 取为0.1～0.5mm。

（2）进给量 f 的选择　粗加工中当工件的质量要求能够得到保证时，进给速度可取100～200mm/min；在切断、加工深孔或用高速钢刀具加工时，进给速度一般为20～50mm/min；精加工时，进给速度可以按粗加工速度的一半原则进行选择。

（3）切削速度的选择　在切削深度和进给量选定以后，可在保证刀具合理使用寿命的条件下，用计算的方法或用查表法确定切削速度 v_c，其参考值见表 4－1。

表 4－1　硬质合金外圆车刀切削速度参考值

工件材料	热处理状态	$a_p = 0.3 \sim 2\text{mm}$ $f = 0.08 \sim 0.3\text{mm}$	$a_p = 2 \sim 6\text{mm}$ $f = 0.3 \sim 0.6\text{mm}$	$a_p = 6 \sim 10\text{mm}$ $f = 0.6 \sim 1\text{mm}$
		$v_c / (\text{m/min})$		
低碳钢	热轧	140～180	100～120	70～90
中碳钢	热轧	130～160	90～110	60～80
	调质	100～130	70～90	50～70
合金结构钢	热轧	100～130	70～90	50～70
	调质	80～110	50～70	40～60
工具钢	退火	90～120	60～80	50～70
灰铸铁	＜190HBW	90～120	60～80	50～70
	190～225HBW	80～110	50～70	40～60
高锰钢	—		10～20	—
铜及铜合金	—	200～250	120～180	90～120
铝及铝合金	—	300～600	200～400	150～200
铸铝合金	—	100～180	80～150	60～100

注：粗加工时的 a_p 和 f 均较大，故选择较低的 v_c；精加工时相反，a_p 和 f 均较小，则选择较高的 v_c。

任务实施

根据轴类零件图 4－1 所示，从以下几个方面进行工艺分析：

（1）要素分析　该零件包含有圆柱、圆锥、圆弧、螺纹、沟槽、倒角等几何要素。

（2）尺寸精度及表面粗糙度分析　该零件外形较为复杂，左侧有三个 $R2\text{mm}$ 的圆弧槽，右侧有 M22 螺纹，三处圆锥及两个 $R8\text{mm}$ 圆弧，还有一处 $\phi18\text{mm}$ 的沟槽。尺寸精度上除两处 $\phi30\text{mm}$ 的外圆精度要求较高（IT7）外其余均为未注公差。除一处 $\phi30\text{mm}$ 外圆的表面粗糙度值为 $Ra1.6\mu\text{m}$ 外，其余表面粗糙度值均为 $Ra3.2\mu\text{m}$。零件的总长为 90mm ± 0.05mm，并以端面作为长度方向尺寸标注基准；零件最大直径为 $\phi43$mm，径向尺寸均以轴的回转中心线作为尺寸标注基准。

（3）几何公差分析　该零件只有右侧 $\phi30_{-0.021}^{0}$mm 圆柱体对左侧 $\phi30_{-0.021}^{0}$mm 圆柱体的同轴度要求，同轴度公差值为 $\phi0.02$mm。

（4）毛坯选择　该零件属于单件小批量生产，故选择 45 圆钢，毛坯尺寸规格为 $\phi45$mm × 95mm。

（5）工件装夹方式设计　该零件加工需要进行两次装夹，先用自定心卡盘夹持右端圆柱体，对 $\phi30$mm 圆柱端进行端面加工，对其外圆表面进行粗加工和精加工，对 $\phi43$mm 圆柱面进行加工及对圆弧槽进行加工；工件调头装夹后，仍然用自定心卡盘夹持工件，但是为了不损坏工件已加工表面，应采用软卡爪装夹或用铜皮、开口轴套保护工件已加工面后再装夹。

（6）加工顺序安排　加工顺序安排如下：左侧车端面→左侧外轮廓的粗、精加工→调头→右侧车端面→右侧外轮廓的粗、精加工→切槽、右 $C2$mm 倒角、$R2$mm 圆弧倒角→粗、精车螺纹。

（7）刀具的选择　该零件加工采用外圆端面车刀、$R2$mm 圆弧车刀、切槽刀、60°外螺纹车刀等。

（8）切削用量的选择　学生实习加工时采用较小的切削用量：粗加工时主轴转速 $S=600$r/min，进给速度 $F=100$mm/min，背吃刀量 $a_p=2$mm 左右；精加工时主轴转速 $S=1200$r/min，进给速度 $F=50$mm/min，背吃刀量 $a_p=0.3\sim0.5$mm；切槽时 $S=300$r/min，进给速度 $F=30$mm/min；车螺纹时 $S=300$r/min，$F=1.5$mm/r，需要多次进给，进给次数和每次背吃刀量与螺纹螺距有关，该螺纹螺距为 1.5mm，牙深为 0.974mm，分四次走刀，每次的背吃刀量分别为 0.394mm、0.3mm、0.2mm、0.08mm。

（9）工艺文件填写　按照上面的分析分别填写轴类零件数控车削加工刀具选用卡和轴类零件数控车削加工工序卡片，见表 4-2 和表 4-3。

表 4-2　轴类零件数控车削加工刀具选用卡

零件图号		零件名称	轴类
使用设备名称	卧式数控车床	使用设备型号	CA6150B
换刀方式	自动换刀	程序编号	O0501
刀具号	类型	材料	规格
T01	可转位外圆端面车刀	硬质合金	45°
T02	可转位 $R2$mm 圆弧车刀	硬质合金	75°
T03	可转位外螺纹车刀	硬质合金	60°
T04	焊接式切槽刀	硬质合金	刀宽 6mm

表4-3 轴类零件数控车削加工工序卡片

(工厂) 机械加工工序卡片	产品名称及型号	减速机	零件名称	轴	零件图号		第1页 共1页
	材料	钢 45	种类	圆钢	毛质量	5kg	
	性能	切削性好	尺寸	φ45mm×95mm	净质量	4kg	
	毛坯	钢 45	每合件数		每批件数	10	

切削用量 / 工艺装备名称及编号

工序	安装	工步	工序内容	背吃刀量/mm	总切削深度/mm	主轴转速/(r/min)	进给速度/(mm/min)	零件质量	夹具	刀具	量具
1	自定心卡盘夹持右端	1	车左端面	4	23	600	100	1		可转位外圆端面车刀 T01	
2		2	粗车左端	2	X向余量 0.5、Z向余量 0.3	600	100			可转位 R2mm 圆弧车刀 T02	游标卡尺、外径千分尺
		3	精车左端	0.5	0.3	1200	50			可转位 R2mm 圆弧车刀 T02	游标卡尺、外径千分尺
3		4	车右端面	4	23	600	100		自定心卡盘	可转位外圆端面车刀 T01	
4		5	粗车右端	2	X向余量 0.5、Z向余量 0.3	600	100			可转位 R2mm 圆弧车刀 T02	游标卡尺、外径千分尺
5	调头，自定心卡盘夹持左端	6	精车右端	0.5	0.3	1200	50			可转位 R2mm 圆弧车刀 T02	游标卡尺、外径千分尺
6		7	切槽、右 C2mm 倒角、R2mm 圆弧倒角	1	2	300	30			焊接式切槽刀 T04	游标卡尺
		8	粗、精车螺纹	0.394 / 0.3 / 0.2 / 0.08	0.974	300	1.5mm/r			可转位外圆螺纹车刀 T03	螺纹环规 M22×1.5-6g

请扫二维码观看视频。

0401（上）　　　　0401（下）

能力训练

分析图4-30所示套类零件的数控加工工艺，并填写数控车削加工刀具选用卡和数控车削加工工序卡片，见表4-4和表4-5。

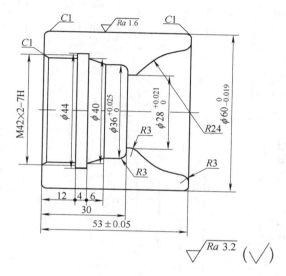

图4-30　套类零件

表4-4　套类零件数控车削加工刀具选用卡

零件图号		零件名称	
使用设备名称		使用设备型号	
换刀方式		程序编号	
刀具号	类型	材料	规格

表 4－5　套类零件数控车削加工工序卡片

(工厂)	机械加工工艺卡片	产品名称及型号				零件名称		零件图号		第　页
		材料	名称			毛坯	种类	毛质量		共　页
			牌号				尺寸	净质量		
			性能			每台件数		每批件数		
						零件质量		工艺装备名称及编号		
工序	安装	工步	工序内容	切削用量				夹具	刀具	量具
				背吃刀量/mm	总切削深度/mm	主轴转速/(r/min)	进给速度/(mm/min)			

自测题

1. 选择题

（1）数控车削的加工方法有（　　　）。

　　A. 车外圆　　　　　　　　　　　　B. 车端面

　　C. 车螺纹　　　　　　　　　　　　D. 孔加工

（2）数控车床加工的零件对象有（　　　）。

　　A. 精度要求高的回转体零件　　　　B. 表面粗糙度要求高的回转体零件

　　C. 外形轮廓复杂的回转体零件　　　D. 尺寸难以控制的回转体零件

（3）不是数控车床毛坯类型的有（　　　）。

　　A. 板材　　　　　B. 铸件　　　　　　C. 锻件　　　　　　D. 圆钢

（4） 所示为（　　　）车刀。

　　A. 外圆车刀　　　B. 内孔车刀　　　　C. 螺纹车刀　　　　D. 切槽刀

（5）按用途数控车刀可分为（　　　）。

　　A. 外圆车刀　　　B. 内孔车刀　　　　C. 螺纹车刀　　　　D. 切槽刀

（6） 所示为（　　　）车刀。

　　A. 整体式车刀　　　　　　　　　　B. 焊接式车刀

　　C. 机械夹固式车刀　　　　　　　　D. 可转位式车刀

（7）加工过程划分成（　　　）加工阶段。

　　A. 粗加工阶段　　　　　　　　　　B. 半精加工阶段

　　C. 精加工阶段　　　　　　　　　　D. 超精加工阶段

（8）内孔表面的加工方法有（　　　）。

　　A. 钻孔　　　　　B. 铰孔　　　　　　C. 扩孔　　　　　　D. 镗孔

（9）粗车和精车比，应当选择更高的（　　　）。

　　A. 背吃刀量　　　　　　　　　　　B. 主轴转速

　　C. 进给速度　　　　　　　　　　　D. 切削速度

2. 简答题

（1）切削速度和主轴转速有什么关系？

（2）切削用量包含哪些？

（3）工序划分的原则有哪些？各有什么优缺点？

（4）描述各个加工阶段的主要任务。

项目 5　数控车削阶梯轴类零件

- 会计算零件图上各节点坐标。
- 会用直线插补 G01 指令编程。
- 会用圆弧插补 G02/G03 指令编程。
- 会用外圆车刀车削阶梯轴类零件。

任务导入

1. 零件图样

数控车削传动轴，零件图样如图 5-1 所示。

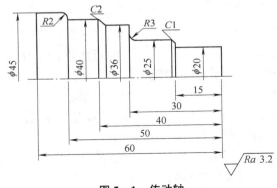

图 5-1　传动轴

2. 任务要求

编制图 5-1 所示传动轴的零件加工程序并进行仿真加工。

知识准备

5.1　直径编程

　　直径编程规定径向尺寸 X 的格式，如图 5-2 所示，A 点的 X 坐标为 20 而不是 10，同理 B 点的 X 坐标为 30，C 点的 X 坐标为 40。用直径编程时，程序执行过程中数控系统自动将直径值除以 2，变成半径使用。直

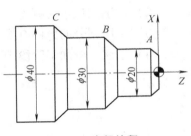

图 5-2　直径编程

56

径编程是数控车削编程的一大特点，符合回转体类零件图样标注直径尺寸的机械制图规则。

5.2   绝对坐标编程与相对坐标编程

绝对坐标编程表示目标点坐标值直接用工件坐标系中的坐标值。相对坐标（又称增量坐标）编程表示待运行的位移量，即目标点坐标是终点坐标减去起点坐标的差值。差值为正时，表示刀具运动方向与坐标轴正方向相同；差值为负时，表示刀具运动方向与坐标轴方向相反。绝对坐标编程与相对坐标编程指令格式见表 5 - 1。

表 5 - 1   绝对坐标编程与相对坐标编程指令格式

FANUC 系统中的指令字及格式	说明
X、Z	绝对坐标编程
U、W	相对坐标编程
A（X20，Z25） B（X35，Z45）	A、B 点位置如下图所示
B（U15，W20）	

要说明的是，由于程序开始运行前刀具位置不确定，所以第一条加工程序应该用绝对坐标编程，相对坐标编程因不便计算而不用。

FANUC 系统中，在同一程序中可混用绝对/相对坐标编程，如 X、W 或 U、Z 等，使用绝对坐标编程、相对坐标编程还是混用编程都不会影响零件的加工的精度，完全由零件图样尺寸标注形式和编程者的习惯决定。一般情况下，并联尺寸用绝对坐标编程，串联尺寸用相对坐标编程。

5.3   英制与米制转换指令 G20、G21

英制与米制转换指令用来指定编程坐标的单位，具体含义见表 5 - 2。G20、G21 是同组模态 G 代码，建议将 G21 设成初始 G 代码。

表 5 - 2   英制与米制转换指令

FANUC 系统中指令格式	说明
G20…;	长度单位为 in（英寸）
G21…;	长度单位为 mm（毫米）

5.4 返回参考点指令 G28

返回参考点编程指令的具体格式见表 5-3。

表 5-3 返回参考点编程指令

功能	FANUC 系统中指令格式	说　明
返回参考点	G28 X＿　Z＿；	G28 指令刀具经中间点自动返回参考点，如图 5-3 所示。X、Z 表示中间点在工件坐标系中的坐标值，参考点位置由机床存储。使用 G28 指令前应先取消刀补。G28 程序段能记忆中间点坐标值，直至被新的 G28 中对应的坐标值替换为止 G28 指令常用相对坐标编程，以防止与工件等发生干涉

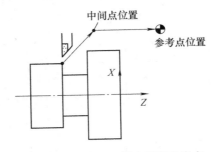

图 5-3　使用 G28 指令返回参考点

5.5 分进给/转进给指令 G98、G99

G98、G99 指令指定进给功能 F 的单位，见表 5-4。

表 5-4　进给功能指令

FANUC 系统中指令格式	说　明
G98…；	每分钟进给（mm/min），一般设成初始 G 代码
G99…；	每转进给（mm/r）

5.6 刀具长度补偿

　　经常把数控车床的刀架回转中心作为测量基点，测量基点的刀具尺寸大小为零，而实际刀具是有具体尺寸的，如图 5-4 所示。刀具长度补偿就是用来补偿实际刀具相对于测量基点的偏差的，加工前从数控机床操作面板输入。X 向的刀具长度补偿值为直径值。图 5-5 所示为 FANUC 系统刀具补偿数据窗口，编程时不需要知道具体补偿数据，但需要用相应的补偿号调用。刀具长度补偿的指令格式见表 5-5。

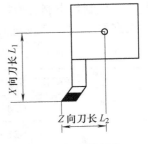

图 5-4　刀具长度

图 5 - 5　FANUC 系统刀具补偿数据窗口

表 5 - 5　刀具长度补偿指令格式

系统	FANUC
指令格式	T□□××；刀具补偿生效 G00/G01 X __ Z __；两个方向刀具长度补偿 … T□□00；取消刀具补偿 其中，□□ --- 刀具号 　　　×× --- 补偿号
说明	刀具号与刀架上的刀位号相对应 刀具号与补偿号不一定相同，但为了方便记忆，通常使它们一致，如 T0202

5.7　快速定位指令 G00

执行 G00 指令，刀具以机床参数设定的快速移动速度从起点运动到终点，并且刀具在移动过程中不能切削工件，因此该指令中不需指定进给速度 F 代码，即使指定也是无效的，仅储存保留，其指令格式见表 5 - 6。

表 5 - 6　快速定位指令格式

FANUC 系统中指令格式	说明
G00 X（U）__　Z（W）__；	X、Z 为终点的绝对坐标值，U、W 为终点的相对坐标值

刀具从起点运动到终点有两种运动轨迹，如图 5 - 6 所示，直线轨迹 1 或折线轨迹 2。具体是哪一种轨迹由机床参数设定。

如图 5 - 7 所示，刀具从起点快速移至终点，程序段见表 5 - 7。

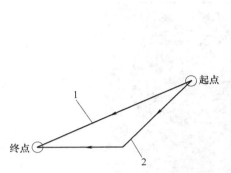

图 5 - 6   执行 G00 指令的两种刀具运动轨迹

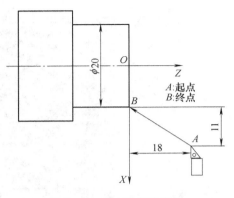

图 5 - 7   G00 指令的应用

表 5 - 7   G00 指令的应用程序

FANUC 系统中指令格式	说明
G00 X20 Z0； 或 G00 U-22 W-18； 或 G00 X20 W-18； 或 G00 U-22 Z0；	A 点到 B 点的程序

5.8   直线插补指令 G01

执行直线插补指令 G01，刀具以 F 代码指令的进给速度沿直线从起点移动到终点，其指令格式见表 5 - 8。

G01 直线插补指令是模态指令。进给速度 F 由于是模态量，可以提前赋值，所以该编程格式中不一定要指定 F 代码，但前面一定要指定 F，否则机床报警。

如图 5 - 8 所示，刀具从起点至终点，直线插补，其程序段见表 5 - 9。

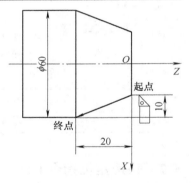

图 5 - 8   G01 指令的应用

表 5 - 8   直线插补指令格式

FANUC 系统中指令格式	说明
G01 X(U)__ Z(W)__ F__；	X、Z 为终点的绝对坐标值，U、W 为终点的相对坐标值

表 5 - 9   G01 指令的应用程序

FANUC 系统中指令格式	说明
G01 X60 Z20 F120；或 G01 U20 W-20 F120； 或 G01 X60 W-20 F120；或 G01 U20 Z-20 F120；	起点到终点的程序

5.9　插补平面选择指令 G17、G18、G19

圆弧插补只能在选定的平面内以给定的 F 进给速度沿两轴进行。执行 G17 指令，选择 XY 平面；执行 G18 指令，选择 XZ 平面；执行 G19 指令，选择 YZ 平面。数控车床一般在 XZ 平面（G18）内加工，默认 G18，因此可以不写。

5.10　圆弧插补指令 G02、G03

G02 指令是顺时针圆弧插补，G03 指令是逆时针圆弧插补。顺时针、逆时针圆弧插补方向与平面的关系是：逆着插补平面的法线方向看插补平面，刀具沿顺时针方向做圆弧运动是 G02，刀具沿逆时针方向做圆弧运动是 G03，如图 5-9 所示。

如图 5-10 所示，对于后置刀架，在 XZ 平面的正面进行圆弧插补时，其方向符合常规情况；而对于前置刀架，在 XZ 平面的背面进行圆弧插补时，G02、G03 的方向恰好与常规方向相反。但不管是前置刀架还是后置刀架，加工同一段圆弧使用的是一个圆弧指令。如果是前置刀架机床，一般只要将后置刀架程序的 M04 改为 M03，并将左偏刀更换为右偏刀后，程序即可运行，再不需要考虑 G02/G03 等反向问题。特殊情况下，请查阅机床说明书。

（1）圆弧半径编程　两轴联动数控车床基本上是在 XZ 平面内插补圆弧，其指令见表5-10。

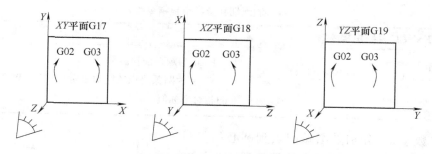

图 5-9　G02/G03 指令的判断

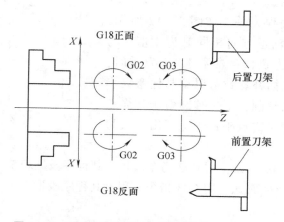

图 5-10　圆弧顺时针、逆时针插补与刀架的关系

表 5-10　圆弧半径编程指令格式

FANUC 系统中指令格式	说　明
G18 $\begin{Bmatrix} G02 \\ G03 \end{Bmatrix}$ X(U)＿　Z(W)＿　R＿　F＿;	R 为圆弧半径 X、Z 为圆弧终点的绝对坐标值，U、W 为圆弧终点的相对坐标值

圆弧半径有正负之分。如图 5-11 所示，对于圆弧所对应的圆心角 α，当 0° < α < 180°时，圆弧半径 R 取正值，"＋"号省略不写；当 180° ≤ α < 360°时，圆弧半径 R 取负值；圆心角 α = 360°即整圆时，不能用圆弧半径 R 编程。进给速度 F 是模态量，可以提前赋值，不一定要在上述指令格式中出现。

（2）圆弧插补参数编程　其指令格式见表 5-11。

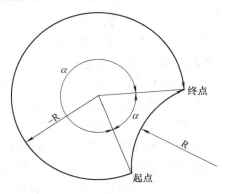

图 5-11　圆弧半径的正负

表 5-11　圆弧插补参数编程指令格式

FANUC 系统中指令格式	说　明
G18 $\begin{Bmatrix} G02 \\ G03 \end{Bmatrix}$ X(U)＿　Z(W)＿　I＿　K＿ F＿;	I、K 为圆弧插补参数 X、Z 为圆弧终点的绝对坐标值，U、W 为圆弧终点的相对坐标值

插补参数 I、K 分别是圆弧起点到圆心的矢量在 X、Z 方向的分量，即插补参数等于圆心坐标减去起点坐标，即 $I = (X_{圆心} - X_{起点})/2$、$K = Z_{圆心} - Z_{起点}$，与绝对或增量编程无关，如图 5-12 所示，当 I、K 的方向与坐标轴正方向相同时为正值，与坐标轴正方向相反时为负值；参数 I、K 为零时，可以省略不写。用圆弧插补参数可以编制任意大小的圆弧插补程序，包括整圆，不过整圆由于其终点与起点重合，编制程序时终点坐标不必写出，只写 I、K 即可。

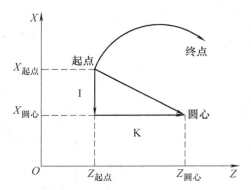

图 5-12　圆弧插补参数 I、K

加工图 5-13 所示 *AB* 圆弧，用 G02 指令编程，其程序段见表 5-12。

加工图 5-14 所示 *OA* 圆弧，用 G03 指令编程，其程序段见表 5-13。

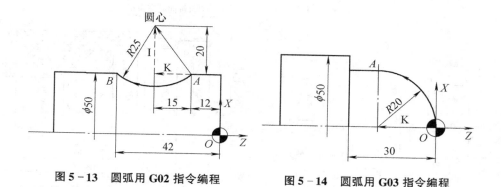

图 5 − 13 圆弧用 G02 指令编程　　　　　　图 5 − 14 圆弧用 G03 指令编程

表 5 − 12 *AB* 圆弧加工程序

系统	FANUC
圆弧半径编程	G02 X50 Z-42 R25 F100；或 G02 U0 W-30 R25 F100；
插补参数编程	G02 X50 Z-42 I20 K-15 F100；或 G02 U0 W-30 I20 K-15 F100；

表 5 − 13 *OA* 圆弧加工程序

系统	FANUC
圆弧半径编程	G03 X40 Z-20 R20 F100；或 G03 U40 W-20 R20 F100；
插补参数编程	G03 X40 Z-20 I0 K-20 F100；或 G03 U40 W-20 I0 K-20 F100；

任务实施

完成本项目中图 5 − 1 所示的传动轴数控车削的程序编制和仿真加工。

1. 工艺分析与工艺设计

（1）图样分析　如图 5 − 1 所示，传动轴尺寸精度没有要求，但要求表面粗糙度值为 $Ra3.2\mu m$，因此分粗、精加工完成，精加工完成粗加工留的余量。设在前置刀架卧式数控车床上加工，工件原点设在工件右端面中心，如图 5 − 15 所示。

（2）加工工艺路线设计　用 92° 可转位外圆右偏刀 T01 粗、精加工，刀具补偿数据存放在 01 补偿号内，刀具代码为 T0101，粗、精加工都是从右端面到左端连续轮廓车削。粗加工时留出径向精车余量 1mm（单边 0.5mm），轴向精车余量 0.5mm。刀具轴向进刀 6 次完成粗加工，精车一刀完成，如图 5 − 16 所示。工件右端面在对刀时手动车出，不留加工余量。传动轴数控车削加工工序卡片见表 5 − 14。

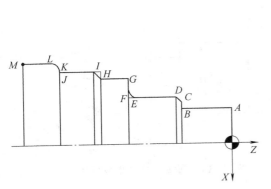

图 5-15　加工路线

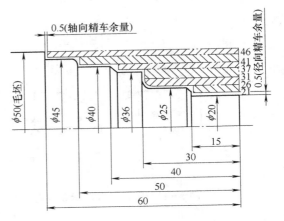

图 5-16　加工方案

表 5-14　传动轴数控车削加工工序卡片

产品名称	零件名称	工序名称	工序号	程序编号	毛坯材料	使用设备	夹具名称
传动轴	数控车削	01	O0501	08F 低碳钢	数控车床	自定心卡盘
工步号	工步内容	刀具			主轴转速/(r/min)	进给速度/(mm/min)	背吃刀量/mm
		类型	材料	规格			
1	粗车阶梯轴	外圆车刀	硬质合金	92°可转位外圆右偏刀	600	100	2
2	粗车阶梯轴				600	100	2.5
3	粗车阶梯轴				600	100	2
4	粗车阶梯轴				600	100	3
5	粗车阶梯轴				600	100	2.5
6	粗车阶梯轴				600	100	2.5
7	精车阶梯轴				1500	50	0.5

（3）刀具选择　选用92°可转位外圆右偏刀。

2. 程序编制

传动轴程序见表 5-15，程序名为 O0501。

表 5-15　传动轴数控车削程序

程序（FANUC 系统）	说　明
O0501；	程序号
N010 T0101；	换刀 T01，导入 01 号的刀补数据
N020 M03 S600；	主轴正转，转速为 600r/min
N030 G00 X46 Z2；	刀具快速到达起刀点

（续）

程序（FANUC 系统）	说　明
N040 G01 Z-59.5 F100;	粗车外圆柱面 ϕ50mm 至 ϕ46mm，长度 59.5mm
N050 G00 X48;	X 方向快速退刀
N060 Z2;	快速退至工件右端
N070 X41;	径向进刀
N080 G01 Z-49.5;	粗车外圆柱面 ϕ46mm 至 ϕ41mm，长度 49.5mm
N090 G00 X43;	X 方向快速退刀
N100 Z2;	快速退至工件右端
N110 X37;	径向进刀
N120 G01 Z-37.5;	粗车外圆柱面 ϕ41mm 至 ϕ37mm，长度 37.5mm
N130 G00 X39;	X 方向快速退刀
N140 Z2;	快速退至工件右端
N150 X31;	径向进刀
N160 G01 Z-29.5;	粗车外圆柱面 ϕ37mm 至 ϕ31mm，长度 29.5mm
N170 G00 X33;	X 方向快速退刀
N180 Z2;	快速退至工件右端
N190 X26;	径向进刀
N200 G01 Z-26.5;	粗车外圆柱面 ϕ31mm 至 ϕ26mm，长度 26.5mm
N210 G00 X28;	X 方向快速退刀
N220 Z2;	快速退至工件右端
N230 X21;	径向进刀
N240 G01 Z-14.5;	粗车外圆柱面 ϕ26mm 至 ϕ21mm，长度 14.5mm
N250 G00 X23;	X 方向快速退刀
N260 Z2;	快速退至工件右端
N270 X20;	精车下刀点
N280 M03 S1500;	提高转速
N290 G01 Z0 F50	直线插补到 A 点（图 5-15）
N300 Z-15;	B 点
N310 X23;	C 点
N320 X25 Z-16;	D 点
N330 Z-27;	E 点
N340 G02 X31 Z-30 R3;	F 点
N350 G01 X36;	G 点
N360 Z-38;	H 点
N370 X40 Z-40;	I 点
N380 Z-50;	J 点
N390 X41;	K 点
N400 G03 X45 Z-52 R2;	L 点
N410 G01 Z-60;	M 点
N420 G00 X100 Z100;	返回安全点
N430 T0100;	取消刀补
N440 M30	程序结束

请扫二维码观看编程视频。

3. 仿真加工

请扫二维码观看仿真加工视频。

0501（上） 0501（下） 0502

能力训练

1. 编程并仿真加工图 5-17 所示凹圆角阶梯轴。

（1）备料 ϕ42mm 毛坯，08F 低碳钢。

（2）刀具 92°可转位外圆右偏刀。

（3）量具 游标卡尺 0~125mm，分度值为 0.02mm。

2. 编程并仿真加工图 5-18 所示凸圆角阶梯轴。

（1）备料 ϕ36mm 毛坯，08F 低碳钢。

（2）刀具 92°可转位外圆右偏刀。

（3）量具 游标卡尺 0~125mm，分度值为 0.02mm。

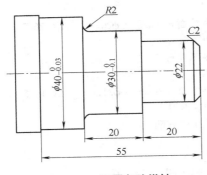

图 5-17 凹圆角阶梯轴

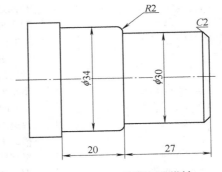

图 5-18 凸圆角阶梯轴

自测题

1. 选择题

（1）数控系统中，（ ）指令在加工过程中是模态的。

　　A. G01、F 　　　　B. G27、G28 　　　　C. G04 　　　　D. M02

（2）G00 指令定位过程中，刀具所经过的路径是（ ）。

　　A. 直线 　　　　B. 曲线 　　　　C. 圆弧 　　　　D. 连续多线段

（3）圆弧插补方向（顺时针和逆时针）的规定与（ ）有关。

　　A. X 轴 　　　　　　　　　　　B. Y 轴

　　C. Z 轴 　　　　　　　　　　　D. 垂直圆弧所在平面的坐标轴

（4）执行程序段"G02　X20　Y20　R-10　F100;"所加工的一般是（ ）。

　　A. 整圆 　　　　　　　　　　　B. 夹角 <180°的圆弧

C. 180°≤夹角<360°的圆弧　　　　　　　　D. 不确定

（5）圆弧加工指令 G02/G03 中 I、K 值用于指令（　　）。

  A. 圆弧终点坐标　　　　　　　　　　　B. 圆弧起点坐标

  C. 圆心的位置　　　　　　　　　　　　D. 起点相对于圆心位置

（6）如果圆弧是一个封闭整圆，要求从 A（20，0）点逆时针方向圆弧插补并返回到 A 点，圆心位于坐标轴原点，其程序段格式为（　　）。

  A. G91 G03 X20.0 Y0 I-20.0 J0 F100

  B. G90 G03 X20.0 Y0 I-20.0 J0 F100

  C. G91 G03 X20.0 Y0 R-20.0 J0 F100

  D. G90 G03 X20.0 Y0 I20.0 J0 F100

（7）用 FANUC 系统的指令编程，程序段"G02 X __ Y __ I __ J __;"中的 G02 表示（　　），I 和 J 表示（　　）。

  A. 顺时针方向插补，圆心相对起点的位置

  B. 逆时针方向插补，圆心的绝对位置

  C. 顺时针方向插补，圆心相对终点的位置

  D. 逆时针方向插补，起点相对圆心的位置

2. 填空题

（1）G00 指令刀具从起点运动到终点可能有两种运动轨迹，即（　　）轨迹或（　　）轨迹。

（2）圆弧插补参数 I =（　　）、J =（　　）、K =（　　），用它们可编制任意大小的圆弧程序。

（3）数控车床通常用（　　）编程，这符合回转体类零件标注（　　）的机械制图规则。

3. 简答题

（1）用增量值编程时，坐标值为负，刀具的运动方向与坐标轴的正方向有何关系？

（2）为什么常用"G28 U0 W0"或"G91 G28 X0 Z0"形式编程？

项目6 数控车削螺纹轴类零件

学习目标

- 会用子程序分层、平移加工编程。
- 会编制普通螺纹加工程序。
- 会车削带普通螺纹的曲面轴类零件。

任务导入

1. 零件图样

数控车削阀芯，零件图样如图6－1所示。

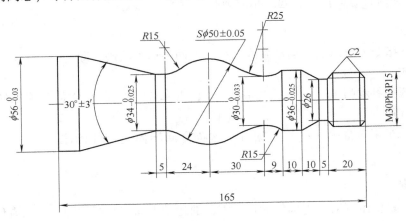

图6－1 阀芯

2. 任务要求

用所学知识编程，在尺寸为 $\phi60mm \times 180mm$、材料为45钢毛坯上仿真加工图6－1所示阀芯。

知识准备

6.1 子程序

在数控加工程序中，如果其中某些加工内容完全相同，为了简化程序，可以把这些重复的程序段单独列出，并按一定的格式编写成供上一级程序调用的程序，称为子程序，与之对应的调用子程序的程序称为主程序。子程序格式见表6－1，子程序调用格式见表6－2。

表 6-1 子程序格式

FANUC 系统中的指令格式	说明
O x x x x； … M99；	x x x x 为子程序号，最多用 4 位数字表示，导零可以省略

表 6-2 子程序调用格式

FANUC 系统中的指令格式	说明
M98 P△△△△x x x x；	△△△△ 为子程序的重复调用次数，导零可以省略。如果省略了重复次数，则默认次数为 1 次 x x x x 为被调用的子程序号，如果调用次数多于 1 次，必须用导零补足 4 位子程序号；如果调用 1 次（省略不写），子程序号的导零可以省略

【促成任务 6-1】加工图 6-2 所示零件上的三个槽，用子程序编程。

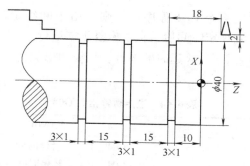

图 6-2 促成任务 6-1 图

【解】由图 6-2 可以看出，要加工的三个槽的宽度、深度、间距均一样，即前一个槽的起点位置到后一个槽的起点位置的间距均为 15mm + 3mm = 18mm。根据这样的规律，可以使用增量坐标来编制子程序，通过在主程序中调用三次子程序来简化编程，完成三个槽的加工。

请扫二维码观看编程视频。

0601

促成任务 6-1 加工程序见表 6-3。

表 6-3 促成任务 6-1 加工程序

程序段序号	FANUC 系统程序	备 注
	O0601；	主程序号
N010	T0404；	换 T04 切槽刀（宽 3mm），导入 04 号的刀补数据
N020	M03 S400 F50；	主轴正转，转速 400r/min，进给速度 50mm/min
N030	G00 X44 Z5；	刀具快速到达切削起点
N040	M98 P30602；	调用 3 次子程序

(续)

程序段序号	FANUC 系统程序	备 注
N050	G00 X100 Z100；	抬刀
N060	T0400；	取消刀补
N070	M30；	主程序结束
	O0602；	子程序号
N010	G00 W－18；	定位槽左侧上方
N020	G01 U－6；	切槽
N030	G04 X1；	槽底进给暂停1s
N040	G00 U6；	抬刀退刀
N050	M99；	子程序结束

请扫二维码观看仿真加工视频。

0602

6.2 进给暂停指令 G04

在两个程序段之间插入一个 G04 程序段，则进给中断给定的时间（指令格式见表 6-4），待到规定时间后，自动恢复正常运行。

G04 指令可以用于某些需要计算延时的地方，如要切出尖角、槽底停留等。G04 是非模态、单程序段 G 代码。

表 6-4 进给暂停指令 G04

系统	FANUC
格式	G04　X ___；暂停时间（s） G04　P ___；暂停时间（ms）
举例	G04　X2.5；暂停 2.5s G04　P1000；暂停 1000ms

6.3 螺纹加工

1. 普通螺纹加工工艺

普通螺纹是应用最为广泛的一种螺纹，牙型角为 60°，有圆柱螺纹、圆锥螺纹、端面螺纹等几种类型，如图 6-3 所示。

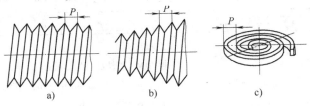

a) b) c)

图 6-3 常见普通螺纹
a）圆柱螺纹　b）圆锥螺纹　c）端面螺纹

（1）普通螺纹标记

1）总则 完整的螺纹标记由螺纹特征代号、尺寸代号、公差带代号及其他有必要做进一步说明的个别信息组成。

2）单线螺纹标记。普通螺纹的特征代号为"M"。单线螺纹的尺寸代号为"公称直径×螺距"，公称直径和螺距数值的单位为毫米（mm）。例如，M8×1，表示公称直径为8mm、螺距为1mm的单线细牙螺纹。对于粗牙螺纹，可以省略标注其螺距项。例如，M8，表示公称直径为8mm、螺距为1.25mm的单线粗牙螺纹。

公差带代号包含中径公差带代号和顶径公差带代号。中径公差带代号在前，顶径公差带代号在后。各直径的公差带代号由表示公差等级的数值和表示公差带位置的字母（内螺纹用大写字母；外螺纹用小写字母）组成。如果中径公差带代号与顶径（内螺纹小径或外螺纹大径）公差带代号相同，只标注一个公差带代号。螺纹尺寸代号与公差带间用"−"分开。例如 M10×1−5g6g，表示中径公差带为5g、顶径公差带为6g的外螺纹。又如 M10−6g，表示中径公差带和顶径公差带为6g的粗牙外螺纹。再如 M10×1−5H6H，表示中径公差带为5H、顶径公差带为6H的内螺纹。

标记内有必要说明的其他信息包括螺纹的旋合长度组别和旋向。对于旋合长度为短组和长组的螺纹，宜在公差带代号后分别标注"S"和"L"代号。公差带与旋合长度代号间用"−"分开。对于旋合长度为中等组的螺纹，不标注其旋合长度代号（N）。例如 M20×2−5H−S，表示短旋合长度的内螺纹。

3）多线螺纹标记。多线螺纹的尺寸代号为"公称直径×Ph 导程值 P 螺距值"，公称直径、导程和螺距数值的单位为毫米（mm）。例如 M16×Ph3P1.5−6H，表示公称直径为16mm、导程为3mm、螺距为1.5mm、中径和顶径公差带为6H的双线内螺纹。

4）左旋螺纹标记。普通螺纹有左旋和右旋之分，左旋螺纹应在螺纹标记的末尾处加注"−LH"字样，如 M20×1.5−LH 等。未注明的是右旋螺纹。

（2）螺纹基本牙型和尺寸 普通螺纹牙型高度是指在螺纹牙型上，牙顶到牙底在垂直于螺纹轴线方向上的距离。根据 GB/T 192—2003《普通螺纹 基本牙型》规定，普通螺纹基本牙型和尺寸见表6−5。

（3）螺纹加工参数 加工外螺纹圆柱和内螺纹底孔与车削螺纹不在同一工步完成。对于外螺纹要先车好外螺纹圆柱、倒角，切槽，后车外螺纹；对于内螺纹，要先钻或镗好内螺纹底孔、倒角，切槽，后车内螺纹。这样，必须先确定外螺纹圆柱、内螺纹底孔大小。实践中常按以下经验公式计算取值

$$外螺纹圆柱 = d - 0.12P$$
$$内螺纹底孔 = D - P （当 P \leqslant 1mm 或加工钢件等扩张量较大的零件时）$$
$$内螺纹底孔 \approx D - (1.04 \sim 1.08)P （当 P > 1mm 或加工铸件等扩张量较小的零件时）$$

表 6-5　普通螺纹基本牙型和尺寸

普通螺纹基本牙型和尺寸	项目	计算
	螺距	P
	牙型角	$60°$
	原始三角形高度	$H = 0.866P$
	削平高度	外螺纹牙顶和内螺纹牙底要削平 $H/8$，外螺纹牙底和内螺纹牙顶要削平 $H/4$
	牙型高度	$h_1 = 5H/8 = 0.5413P$
	大径	$d = D$
	中径	$d_2 = d - 2 \times 3H/8 = d - 0.645P$ $D_2 = D - 2 \times 3H/8 = D - 0.645P$
	小径	$d_1 = d - 10H/8 = d - 1.0825P$ $D_1 = D - 10H/8 = D - 1.0825P$

内、外螺纹配合时，牙顶与牙底之间要留有间隙，所以常按牙顶和牙底各削平 $H/8$ 来计算牙型高度

$$牙型高度 \ h_1 = 6H/8 \approx 0.65P$$

式中　P——螺距(mm)。

由上式可计算出

$$外螺纹牙槽底径（实际小径）= d - 2 \times 0.65P$$
$$内螺纹牙槽底径（实际大径）= 外螺纹理论大径 = d$$

中径是理论值，用于测量。

（4）进给次数与背吃刀量　如果螺纹牙型较高或螺距较大，可分几次进给，每次进给的背吃刀量按递减规律分配，且有直进法与斜进法之分。常用米制圆柱螺纹切削的进给次数与背吃刀量可参考表 6-6。

（5）主轴转速　在切削螺纹时，主轴转速应根据导程大小、零件材料、刀具材料、驱动电动机升降频特性及螺纹插补运算速度等选择，必要时查阅机床说明书。对于大多数普通型数控车床，推荐车螺纹主轴转速如下

$$n \leqslant \frac{1200}{P_h} - k$$

式中　P_h——螺纹导程(mm)；

n——主轴转速(r/min)；

k——保险系数，一般取 80。

表6-6 常用米制圆柱螺纹切削进给次数与背吃刀量 （单位：mm）

螺距P		1.0	1.5	2.0	2.5	3.0	3.5	4.0
牙型高度		0.649	0.974	1.299	1.624	1.949	2.273	2.598
进给次数与背吃刀量	1次	0.349	0.394	0.449	0.499	0.599	0.748	0.748
	2次	0.2	0.3	0.3	0.35	0.35	0.35	0.4
	3次	0.1	0.2	0.3	0.3	0.3	0.3	0.3
	4次		0.08	0.2	0.2	0.2	0.3	0.3
	5次			0.05	0.2	0.2	0.2	0.2
	6次				0.075	0.2	0.2	0.2
	7次					0.1	0.1	0.2
	8次						0.075	0.15
	9次							0.1

（6）空刀导入量和空刀退出量　不论是主轴电动机还是进给电动机，加减速到要求转速都需要一定的时间，此期间内车螺纹导程不稳定，所以在车螺纹之前和之后，需留有适当的空刀导入量L_1和空刀退出量L_2，如图6-4所示。这里需要说明的是，螺纹空刀槽的宽度应能保证空刀退出量L_2的大小，在工艺分析时应予以注意。满足条件为

$$L_1 \geqslant 2P_h$$
$$L_2 \geqslant 0.5P_h$$

式中　L_1——空刀导入量（mm）；

L_2——空刀退出量（mm）；

P_h——螺纹导程（mm）。

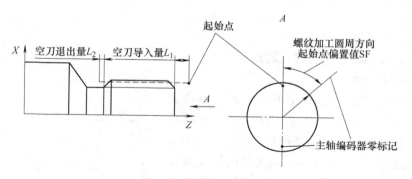

图6-4　螺纹加工数据

（7）螺纹加工设备要求　数控车床加工螺纹的前提条件是主轴转速与进给量同步，并能在同一圆周截面上自动均分多线螺纹螺旋线的起始点，如图6-4所示。数控车床一般均有同步转速功能，但要均分螺旋线，主轴必须专门配备位置测量装置，如脉冲编码器等。例如，双线螺纹任一条螺旋线的起始点偏置值设定一个度数，另一条螺旋线的起始点位置自动与第一条相差180°。

（8）四向一置关系　四向指螺纹左右旋向、主轴转向、刀具安装方向及进给方向，一置指车床刀架前置或后置。车螺纹时，四向一置必须匹配，否则不可能加工出合格的螺纹。螺纹左右旋向是生产图样给定的，不能更改。车床选定之后，其刀架前置还是后置已确定。安装刀具时，前刀面朝上为正装。前刀面朝下为反装。可见四向一置关系匹配主要是在给定螺纹旋向、选定数控车床的情况下，对主轴转向、刀具安装方向及进给方向的配置。几种常用的配置关系如图6-5所示。

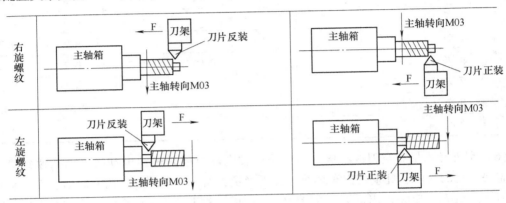

图6-5　四向一置关系

2．螺纹加工指令 G92

（1）含义　螺纹切削单一固定循环指令。

（2）应用　该指令用于等螺距直螺纹、锥螺纹切削。

（3）格式

直螺纹格式：G00 X ___ Z ___；（快速定位至循环起点 A，如图6-6所示）

G92 X(U)___ Z(W)___ F___；

说明：

1）X(U)、Z(W)是螺纹终点的绝对（相对）坐标。

2）F是螺纹导程。

3）G92 走刀轨迹如图6-6所示，A 点→快速移动→B 点→工进→C 点→工进→D 点→快速退回→A 点。A 点既是循环起点又是循环终点，A 点的 X 向尺寸常取比螺纹大径大 2mm，如果是内螺纹即比小径小 2mm，A 点的 Z 向尺寸根据空刀导入量 L_1 来确定。

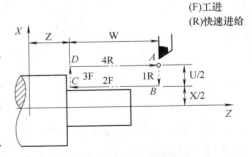

图6-6　G92 走刀轨迹

【促成任务6-2】加工图6-7所示外螺纹，外螺纹圆柱、倒角及退刀槽已车好。

【解】计算 M30×3 螺纹的牙型高度 $=0.65×3$mm $=1.95$mm，切削 7 次（背吃刀量分别为 0.6mm、0.35mm、0.3mm、0.2mm、0.2mm、0.2mm、0.1mm）至小径 $d_1 = 30$mm -1.95 ×2mm $=26.1$mm，故每次车削 X 向直径值为（28.8mm、28.1mm、27.5mm、27.1mm、

26.7mm、26.3mm、26.1mm）。由于是单线螺纹，因此导程就是螺距，即 $L_1 \geqslant 2P_h = 2 \times 3\text{mm} = 6\text{mm}$，$L_2 \geqslant 0.5P_h = 0.5 \times 3\text{mm} = 1.5\text{mm}$，因此螺纹循环的起点坐标为（32，6），主轴转速根据 $n \leqslant \dfrac{1200}{P_h} - k$，取 S320；按图 6-5 所示右旋螺纹前置刀架的四向一置关系安装刀具。加工程序见表 6-7。

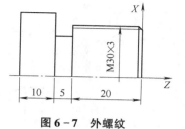

图 6-7　外螺纹

表 6-7　促成任务 6-2 加工程序

程序段号	FANUC 系统程序	备 注
	O0603；	程序号
N010	T0303；	换 T03 螺纹车刀，导入 03 号的刀补数据
N020	M03 S320；	主轴正转
N030	G00 X32 Z6；	刀具快速到达循环起点
N040	G92 X28.8 Z-21.5F3；	螺纹切削第一刀
N050	X28.1；	第二刀
N060	X27.5；	第三刀
N070	X27.1；	第四刀
N080	X26.7；	第五刀
N090	X26.3；	第六刀
N100	X26.1；	第七刀
N110	G00 X100 Z100；	快速返回安全位置
N120	T0300；	取消刀补
N130	M05；	主轴停转
N140	M30；	程序结束

请扫二维码观看仿真加工视频。

0603

任务实施

完成图 6-1 所示的阀芯数控车削的程序编制和仿真加工。

1. 工艺分析与工艺设计

（1）图样分析　如图 6-1 所示，阀芯毛坯为 ϕ60mm×180mm，而零件最小尺寸为 ϕ26mm，因此分粗、精加工完成。

（2）编程方案　将工件外轮廓用增量方式编写成子程序，多次调用外轮廓子程序分层车削加工，如图 6-8 所示。单边总加工余量 = （毛坯直径 60mm - 工件最小直径 26mm）/2 = 17mm，径向精加工余量为 0.1mm，轴向精加工余量为 0。分层车削厚度即每次背吃刀量定为 1.5mm，粗车调用次数 = 单边总加工余量 17mm/层厚 1.5mm = 11.3 次，取整数 12 次，即调用 12 次子程序分 12 层进行粗加工，调用 1 次子程序精加工，然后换外螺纹车刀加工螺纹，最后换切断刀切断。

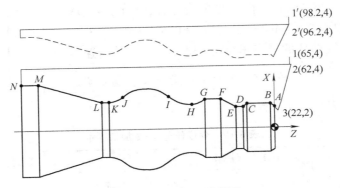

图 6-8 分层加工示意图

（3）计算编程尺寸 用直径编程，高精度尺寸用平均值，具体计算方法可以参考项目13，计算结果见表 6-8。从图 6-1 中可以看出，螺纹的导程是 3mm，螺距为 1.5mm，根据前面公式可知，该螺纹的牙型高度为 0.974mm，螺纹的加工数据参见表 6-9。精车下刀直径 = "桥梁"起点 = 毛坯直径 + 2mm（预留）+ 2 × 背吃刀量 = $\phi65mm$，即图 6-8 中 1 点。粗车下刀直径 = [2 × 精车余量 + "桥梁"起点 + 层厚 ×（次数 −1）] = $\phi98.2mm$，即图 6-8 中 1′点。

表 6-8 轮廓节点坐标值

基点	X 坐标	Z 坐标	基点	X 坐标	Z 坐标
点 3	22	2	H	29.984	−54
B	29.82	−2	I	39.988	−69.005
C	29.82	−18	J	39.988	−98.995
D	26	−20	K	33.988	−107.995
E	26	−25	L	33.988	−112.995
F	35.988	−35	M	55.985	−154.043
G	35.988	−45	N	55.985	−165

表 6-9 螺纹加工数据

加工次数	背吃刀量（螺纹牙高 0.974mm）	X 坐标
第一次	0.394	30 − 2 × 0.394 = 29.212
第二次	0.3	29.212 − 2 × 0.3 = 28.612
第三次	0.2	28.612 − 2 × 0.2 = 28.212
第四次	0.08	28.212 − 2 × 0.08 = 28.052

（4）刀具选择 粗车选用 92°外圆右偏刀（T02），精车选用 62°外圆右偏刀（T01）、4mm 宽外切断刀（T04）、外螺纹车刀（T03）。

（5）编制数控车削加工工序卡片 见表 6-10。

表6-10　阀芯数控车削加工工序卡片

产品名称	零件名称	工序名称	工序号	程序编号	毛坯材料	使用设备	夹具名称
	阀芯	数控车削		O0604	08F 低碳钢	数控车床	自定心卡盘
工步号	工步内容	刀具			主轴转速/	进给速度/	背吃刀量/
		类型	材料	规格	（r/min）	（mm/min）	mm
1	粗车阀芯	外圆车刀	硬质合金	92°外圆右偏刀	600	100	1.5
2	精车阀芯	外圆车刀	硬质合金	62°外圆右偏刀	1000	50	0.1
3	车螺纹	螺纹车刀	硬质合金	普通螺纹刀	300	3r/min	4 刀
4	切断	切断刀	硬质合金	4mm 刀宽	300	30	60

2. 程序编制

数控车削阀芯程序见表6-11，程序名为O0604。

表6-11　数控车削阀芯程序

程序段号	FANUC 系统程序	备注
	O0604;	主程序号
N010	T0202;	换粗车刀 T02，导入 02 号刀补
N020	M03 S600;	主轴正转
N030	G00 X98.2 Z4 F100;	粗车下刀点
N040	M98 P120605;	子程序循环 12 次，分 12 层粗加工
N050	G00 X100 Z100;	到安全换刀位置
N060	T0101;	换精车刀 T01，导入 01 号刀补数据
N070	M03 S1000;	主轴正转
N080	G00 X65 Z4 F50;	精车下刀点
N090	M98 P0605;	精车轮廓
N100	G00 X29.82 Z2;	车螺纹圆柱至（$d-0.12P$）
N110	G01 Z-22 F50;	
N120	G00 X100 Z100;	返回安全换刀点
N130	T0303;	换螺纹车刀 T03，导入 03 号刀补数据
N140	M03 S300;	降低主轴转速
N150	G00 X32 Z6;	至螺纹循环起点
N160	G92 X29.212 Z-22 F3;	螺纹切削第 1 刀，导程为 3mm，因此 F3
N170	X28.612;	第 2 刀
N180	X28.212;	第 3 刀
N190	X28.052;	第 4 刀
N200	G00 X100 Z100;	到安全位置
N210	T0404;	换切断刀 T04
N220	G00 X65 Z-171;	工件长 165mm＋6mm＝171mm

（续）

程序段号	FANUC 系统程序	备注
N230	G01 X −1 F30；	切断工件
N240	G00 X100 Z100；	到安全位置
N250	M05；	主轴停
N260	M30；	主程序结束
	O0605；	子程序号（假定刀在 1 点）
N010	G00 U −3 W0；	刀具快速到 2 点
N020	U −40 W −2；	点 3
N030	G01 U7.82 W −4；	B 点
N040	W −16	C 点
N050	U −3.82 W −2；	D 点
N060	U0 W −5；	E 点
N070	U9.988 W −10；	F 点
N080	U0 W −10；	G 点
N090	G02 U −6.004 W −9 R15；	H 点
N100	G02 U10.004 W −15.005 R25；	I 点
N110	G03 W −29.99 R25；	J 点
N120	G02 U −6 W −9 R15；	K 点
N130	G01 W −5；	L 点
N140	U21.997 W −41.048；	M 点
N150	W −10.957；	N 点
N160	U6.015；	抬刀
N170	G00 W169；	返回
N180	M99；	子程序结束

请扫二维码观看编程视频。

0604（上）　　0604（中）　　0604（下）

能力训练

1. 编程并仿真加工图 6 − 9 所示球面轴。

（1）备料　φ40mm 毛坯，08F 低碳钢。

（2）刀具　92°可转位外圆右偏刀；62°可转位外圆右偏刀；5mm 切断刀；普通外螺纹车刀。

（3）量具　游标卡尺 0 ~ 125mm，分度值为 0.02mm；0 ~ 25mm 外径千分尺；M20 × 1.5 − 6g 螺纹环规一套。

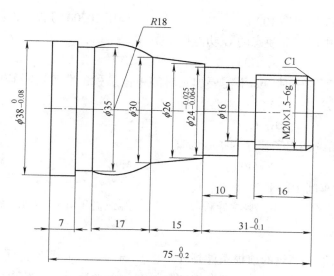

图 6 - 9　球面轴

2. 编程并仿真加工图 6 - 10 所示球头轴。

（1）备料　ϕ44mm 毛坯，08F 低碳钢。

（2）刀具　92°可转位外圆右偏刀；62°可转位外圆右偏刀；5mm 切断刀；普通外螺纹车刀。

（3）量具　游标卡尺 0 ~ 125mm，分度值为 0.02mm；M30 × 2 螺纹环规一套。

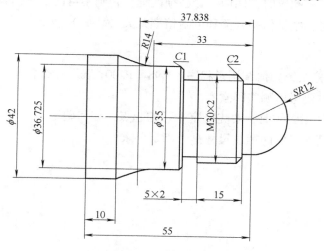

图 6 - 10　球头轴

自测题

1. 选择题

（1）M98 P10200 含义是（　　）。

　　A. 调用 200 号子程序 10 次　　　　　　B. 调用 0200 号子程序 1 次

C. 调用 00 号程序 102 次　　　　　　D. 调用 10200 号程序 1 次

（2）下例指令中属于非模态的 G 功能指令是（　　　）。

A. G03　　　　　B. G04　　　　　C. G17　　　　　D. G40

（3）在编制加工程序时，如果需要加延时的单位是秒，准备功能 G04 后面跟着的相对应的地址是（　　　）。

A. B　　　　　B. C　　　　　C. S　　　　　D. X

（4）FANUC 系统调用子程序的指令为（　　　）。

A. M99　　　　　B. M06　　　　　C. M98　　　　　D. M03

（5）G92 螺纹车削中的 F 为（　　　）。

A. 螺距　　　　　B. 螺纹导程　　　　　C. 螺纹高度　　　　　D. 每分钟进给速度

2. 填空题

（1）数控车床加工螺纹的前提条件是（　　　）与（　　　）要保持同步。

（2）数控车床加工螺纹时，由于车螺纹起始有一个加速过程，结束前有一个减速过程，所以在这个过程中，螺距不可能保持均匀，因此车螺纹时，两端必须设置足够的（　　　）和（　　　）。

（3）M30 × 2 – LH 中 30 表示（　　　），2 表示（　　　），LH 表示（　　　）。

（4）四向一置关系的四向指（　　　）、（　　　）、（　　　）、（　　　），一置指车床刀架前置或后置，车螺纹时，四向一置必须匹配，否则不可能加工出合格的螺纹。

（5）螺纹加工时，主轴倍率开关和进给倍率开关（　　　）效。

3. 简答题

（1）FANUC 数控系统如何调用子程序？M98 – P2001 表示什么含义？

（2）加工螺纹时要考虑哪些因素？

（3）使用 G92 加工螺纹时，要先确定循环的起点，如何确定？

（4）如何检测已加工好的螺纹尺寸是否满足要求？

项目7 数控车削轴套类零件

学习目标

- 会为不同的加工内容选用相应的固定循环指令。
- 会给固定循环指令中的参数赋值。
- 会使用固定循环指令编程。
- 会数控车削轴套类零件。

任务导入

1. 零件图样

轴承套如图7-1所示。

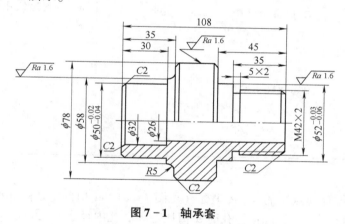

图7-1 轴承套

2. 任务要求

在 $\phi80$mm 的45钢毛坯上仿真加工图7-1所示轴承套。（T01：93°外圆车刀；T02：镗刀；T03：5mm宽切断刀；T04：普通外螺纹车刀。）

知识准备

对于不能一刀车削完成的轮廓表面，即加工余量较大的表面，采用车削固定循环指令编程，可以缩短程序长度，减少程序所占容量。不同的加工形状配有相应的固定车削循环指令，详述如下。

7.1   轴向车削复合固定循环指令 G71/G70

轴向车削复合固定循环指令 G71/G70 适合于加工阶梯直径相差较小的轴套类零件，可有效缩短刀具空刀路径，其指令格式见表 7-1。

表 7-1   轴向车削固定循环指令 G71/G70 格式

刀具使用情况	FANUC 系统中的指令格式	说　明
粗、精车刀合用	G00　Xα　Zβ； G71　UΔd　Re； G71　Pns　Qnf　UΔu　WΔw　Ff； ns G00／G01 X ___； … nf G00　Xα　Zβ； G70　Pns　Qnf ；	① G71 轴向分层完成粗车，不执行 ns～nf 程序段中的刀尖圆弧半径补偿 ② G70 完成精车，并执行 ns～nf 程序段中的刀尖圆弧半径补偿
粗、精车刀分开使用	G00　Xα　Zβ； G71　UΔd　Re； G71　Pns　Qnf　UΔu　WΔw　Ff； ns　G00／G01 X ___； … nf G00 X100 Z100； T××××；(换精加工车刀) G00　Xα　Zβ； G70　Pns　Qnf ；	

其中：

① α、β——循环起点 A 的 X、Z 坐标（见图 7-2）。α 值确定切削起始直径，粗车外径时 α 值应比毛坯直径大 1～2mm；镗孔时 α 值比毛坯底孔内径小 1～2mm。β 值为离开毛坯右端面的一个安全距离，常取 2mm，即两个方向给出合适的切入量。

② Δd——X 向背吃刀量，半径值，无正负号。

③ e——X 向退刀量，半径值，无正负号。

④ ns——轮廓开始程序段的段号。该程序段只有 X 坐标，不能有 Z 坐标，且 X 坐标与精车轮廓起点 X 坐标相同。该段并非工件轮廓，仅仅是刀具进入工件轮廓的导入方式，编程轨迹垂直于 Z 轴，用 G00 或 G01 编程，常用 G00 编程。

⑤ nf——轮廓结束程序段的段号。

⑥ Δu——X 方向精车余量的大小和方向，带正负号的直径值，由此决定是外圆还是孔加工。车外圆时为正，车内孔时为负。

⑦ Δw——Z 方向精车余量的大小和方向，带正负号。为正时，表示沿着 Z 轴负方向加工；为负时，表示沿着 Z 轴正方向加工。

⑧ f——粗加工时的进给速度，即在执行 G71 时有效；而处于 ns～nf 程序段之间的 F 在执行 G71 时无效，仅在执行 G70 时有效。如果 ns～nf 程序段之间无 F，则沿用粗加工时的 F。

⑨ 轴向车削固定循环动作分解如图 7-2 所示。粗车时，由起点 A 根据余量自动计算出 B′点，刀具从 B′点开始径向吃刀一个 Δd 后，进行平行于 Z 轴的工进车削和 45°退刀 e→Z 向快速返回→X 向快速吃刀 Δd＋e，由此下降第二个 Δd。如此多次循环分层车削，最后再按留有精加工余量 Δu 和 Δw 之后的形状（ns～nf 程序段 A′→B 加上精加工余量 Δu 和 Δw）进行轮廓光整加工，最后快速退到 A 点，完成分层粗车循环。精车路径是 A→A′→B→A（ns～nf 程序段），一层完成。

对于 I 型车削固定粗车循环，ns～nf（A′→B）间的程序轨迹必须为 Z 轴、X 轴共同单调增大或单调减小。

【促成任务 7-1】用 G71/G70 指令编制图 7-3 所示零件的外圆车削程序。

【解】工件坐标系原点设在右端面与回转轴线相交处，径向精车余量为 0.5mm，轴向精车余量为 0.2mm，循环起点定在（X42，Z2），加工程序见表 7-2。

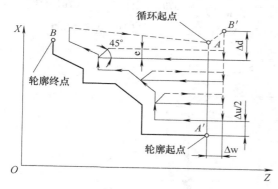

图 7-2　轴向车削固定循环图

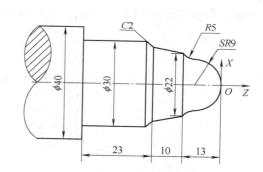

图 7-3　促成任务 7-1 图样

表 7-2　促成任务 7-1 程序

程序段号	FANUC 系统程序	备　注
	O0701;	程序号
N010	T0101;	换 T01 外圆车刀，导入 01 号刀补数据
N020	M03 S900;	主轴正转（前置刀架）
N030	G00 X42 Z2;	到达循环起点
N040	G71 U1.5 R0.5;	轴向粗车固定循环
N050	G71 P060 Q140 U0.5 W0.2 F100;	轴向粗车固定循环
N060	G00 X0;	ns 段，轨迹平行于 X 轴
N070	M03 S1500;	提高主轴转速
N080	G01 Z0 F50;	N060～N140 精车轨迹
N090	G03 X18 Z-9 R9;	
N100	G02 X22 Z-13 R5;	
N110	G01 X26 Z-23;	
N120	X30 Z-25;	

（续）

程序段号	FANUC 系统程序	备 注
N130	Z - 46;	nf 段
N140	X41;	精车固定循环
N150	G70 P060 Q140;	返回换刀点
N160	G00 X100 Z100;	取消刀补
N170	T0100;	主轴停转
N180	M05;	程序结束
N190	M30;	

请扫描二维码观看编程视频。

【促成任务7-2】用 G71/G70 指令编制图 7-4 所示零件的内孔车削程序。

【解】工件坐标系原点设在右端面与回转轴线相交处，车削前手动钻出 $\phi 26mm$ 底孔。径向精车余量为 0.5mm，轴向精车余量为 0.1mm，循环起点定在（X24，Z2），加工程序见表 7-3。

0701（上）

0701（下）

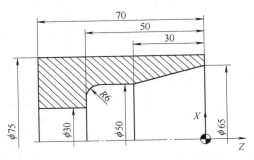

图 7-4 促成任务 7-2 图

表 7-3 促成任务 7-2 加工程序

程序段号	FANUC 系统程序	备 注
	O0702;	程序号
N010	T0101;	换 T01 粗镗刀，导入 01 号刀补数据
N020	M03 S900;	主轴正转（前置刀架）
N030	G00 X24 Z2 ;	到达循环起点
N040	G71 U1.5 R1;	轴向粗车固定循环
N050	G71 P060 Q120 U-0.5 W0.1 F100;	轴向粗车固定循环
N060	G00 X65;	ns 段，轨迹平行于 X 轴
N070	M03 S1500;	提高主轴转速
N080	G01 X50 Z-30 F50;	N060 ~ N120 精车轨迹
N090	G01 Z-44	
N100	G03 X38 Z-50 R6;	
N110	G01 X30;	

（续）

程序段号	FANUC 系统程序	备 注
N120	Z-72;	nf 段
N130	G00 X100 Z100;	粗加工后，到换刀安全位置
N140	T0202;	换 T02 精镗刀并导入 02 号刀补数据
N150	G00 X24 Z2;	再次到达循环起点
N160	G70 P060 Q120;	精车固定循环
N170	G00 X100 Z100;	返回换刀位置
N180	T0100;	换回 T01 粗镗刀并取消刀补
N190	M05;	主轴停转
N200	M30;	程序结束

请扫描二维码观看编程视频。

值得注意的是，有些数控系统精加工时仅仅沿 ns～nf 程序段所描述的轮廓加工，刀具并不会自动回到循环起点，这实际上是系统的固定循环指令不合理，因此孔加工退刀时要防止撞刀，必要时应给出转折点。

0702（上）

0702（下）

7.2 端面车削复合固定循环指令 G72/G70

端面车削复合固定循环指令 G72/G70 适合加工阶梯直径相差较大的孔盘类零件，可有效缩短刀具空刀路径，其指令格式见表 7-4。

表 7-4 端面车削复合固定循环指令 G72/G70 格式

刀具使用情况	FANUC 系统中指令格式	说 明
粗、精车刀合用	G00 Xα Zβ; G72 WΔd Re; G72 Pns Qnf UΔu WΔw Ff; ns G00/G01 Z __; … nf G00 Xα Zβ; G70 Pns Qnf	①G72 端面分层完成粗车，不执行 ns～nf 程序段中的刀尖圆弧半径补偿 ②G70 完成精车，并执行 ns～nf 程序段中的刀尖圆弧半径补偿
粗、精车刀分开使用	G00 Xα Zβ; G72 WΔd Re; G72 Pns Qnf UΔu WΔw Ff; ns G00/G01 Z __; … nf G00 X100 Z100; T××××（换精加工车刀） G00 Xα Zβ; G70 Pns Qnf;	

其中：

①Δd——Z 向分层背吃刀量，无正负号。

②e—Z 向退刀量，无正负号。

③ns——轮廓开始程序段的段号，该程序段只有 Z 坐标，不能有 X 坐标，用 G00 或 G01 编程，常用 G00；其他含义同 G71。

④执行端面车削固定循环指令动作分解如图 7 - 5 所示，进行平行于 X 轴的分层粗车、一层精车，轮廓路径为 A′→ B（ns ~ nf 程序段），动作过程在 X 轴向类似于 G71，其他注意事项同 G71。

【促成任务 7 - 3】用 G72/G70 指令编写图 7 - 6 所示零件的加工程序。

【解】工件坐标系原点设在右端面与回转轴线交点处，径向精车余量为 0.5mm，轴向精车余量为 0.3mm，循环起点定在（X114，Z2），其加工程序见表 7 - 5。

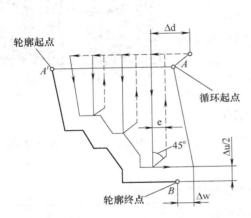

图 7 - 5　端面车削复合固定循环图

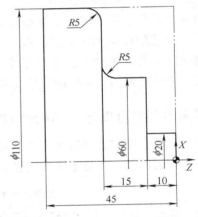

图 7 - 6　促成任务 7 - 3 图

表 7 - 5　促成任务 7 - 3 加工程序

程序段号	FANUC 系统程序	备　注
	O0703 ;	
N010	T0101 ;	换 T01 外圆车刀，导入 01 号刀补数据
N020	M03 S900 ;	主轴正转
N030	G00 X114 Z2 ;	到达循环起点
N040	G72 W2 R1 ;	端面粗车固定循环
N050	G72 P060 Q150 U0.5W0.3 F100 ;	端面车削固定循环
N060	G00 Z-45 ;	ns 段
N070	M03 S1500 ;	提高主轴转速
N080	G01 X110 F50 ;	N060 ~ N150 精车轨迹
N090	Z-30 ;	
N100	G02 X100 Z-25 R5 ;	
N110	G01 X70 ;	
N120	G03 X60 Z-20 R5 ;	

（续）

程序段号	FANUC 系统程序	备 注
N130	G01 Z-10;	
N140	X20;	
N150	Z2;	nf 段
N160	G00 X114 Z2;	
N170	G70 P060 Q150;	精车固定循环
N180	G00 X100 Z100;	返回安全位置
N190	T0100;	取消刀补
N200	M30;	程序结束

请扫描二维码观看编程视频。

7.3 轮廓车削复合固定循环指令 G73/G70

轮廓车削复合固定循环指令 G73/G70 不要求工件轮廓呈单调增加或
减小，轮廓方向由编程的 ns、nf 次序决定，适用于车削铸件、锻件等毛
坯轮廓形状与零件轮廓形状基本接近的零件，也用来车削毛坯为棒料、轮廓凹凸不平的零
件，其指令格式见表 7-6。

0703

表 7-6 轮廓车削复合固定循环指令 G73/G70 格式

刀具使用情况	FANUC 系统指令格式	说 明
粗、精车刀合用	G00 Xα Zβ; G73 Ui Wk Rd; G73 Pns Qnf U∆u W∆w Ff; ns … nf G00 Xα Zβ; G70 Pns Qnf ;	①G73 轮廓分层完成粗车，不执行 ns～nf 程序段中的刀尖圆弧半径补偿 ②G70 完成一层精车，并执行 ns～nf 程序段中的刀尖圆弧半径补偿
粗、精车刀分开使用	G00 Xα Zβ; G73 Ui Wk Rd; G73 Pns Qnf U∆u W∆w Ff; ns … nf G00 X100 Z100; T××××(换精加工车刀) G00 Xα Zβ; G70 Pns Qnf ;	

其中：

①i——X 方向第一次粗车后剩余的粗车余量，半径值。对于轴，为第一刀粗车后的半径减去 A'B 工件轮廓的最小半径；对于孔，为第一刀粗车后的半径减去 A'B 工件轮廓的最大半径。由此计算的 i 有正、负之分，向 X 正方向退刀时为正，向 X 负方向退刀时为负，图 7-7 中 i 为正。

②k——Z 方向粗车余量，常取 2~4mm。k 有正、负之分，向 Z 正方向退刀时为正，向 Z 负方向退刀时为负，图 7-7 中 k 为正。

③d—分层粗车次数。

④ns~nf 程序段中可有 X、Z 两个坐标，其余各地址的含义同前。

⑤执行轮廓车削固定循环动作分解如图 7-7 所示，由程序给定的循环起点 A 自动计算到点 1，刀具沿 1→2→3→4→5→6→7→8→9→A 分层粗车，留精加工余量 Δu、Δw，最后沿精车路径 A→A'→B→A 完成一层精加工。

【促成任务 7-4】用 G73/G70 指令编写图 7-8 所示零件的车削程序，零件毛坯余量为 $\phi4mm$，端面余量为 2mm。

【解】工件坐标系原点设在右端面与回转轴线交点处，设粗车每层厚度为 1mm（半径值），而毛坯直径为 $\phi42$，因此第一刀粗车后的半径 $=\dfrac{42mm-2mm}{2}=20mm$，工件轮廓最小半径为 8mm，因此 i = 20mm - 8mm = 12mm；端面余量为 2mm，因此 k = 2mm；径向精车余量为 0.6mm，因此分层粗车次数 $d=\dfrac{42-16.6}{2}=12.7$，取 d = 13；轴向精车余量为 0.2mm，循环起点定在（X44，Z2），其加工程序见表 7-7。

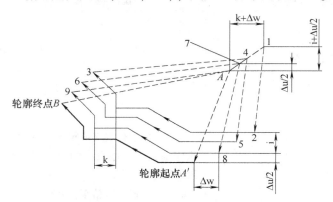

图 7-7　端面车削复合固定循环图

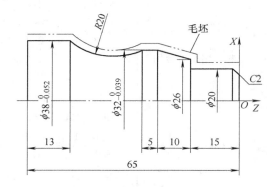

图 7-8　促成任务 7-4 图

表 7-7　促成任务 7-4 加工程序

程序段号	FANUC 系统程序	备　注
	O0704;	
N010	T0101;	换 T01 外圆车刀，导入 01 号刀补数据
N020	M03 S900;	主轴正转
N030	G00 X44 Z2;	到达循环起点
N040	G73 U12 W2 R13;	轮廓粗车固定循环

（续）

程序段号	FANUC 系统程序	备　注
N050	G73 P060 Q150 U0.6 W0.2 F100;	轮廓粗车固定循环
N060	G00 X16 Z2;	ns 段，起点为（X16，Z2）
N070	M03 S1500;	提高主轴转速
N080	G01 Z0 F50;	N080～N150 精车轨迹
N090	X20 Z-2;	
N100	Z-15;	
N110	X26;	
N120	X32 Z-25;	
N130	Z-30;	
N140	G02 X38 Z-52 R20;	
N150	G01 Z-65;	
N160	X43;	nf 段
N170	G00 X44 Z2;	再次到达循环起点
N180	G70 P060 Q150;	精车固定循环
N190	G00 X100 Z100;	返回安全位置
N200	T0100;	取消刀补
N210	M30;	程序结束

请扫描二维码观看编程视频。

0704（上）　　　0704（下）

任务实施

完成图 7-1 所示轴承套的程序编制和仿真加工。

1. 工艺分析与工艺设计

（1）图样分析　如图 7-1 所示，轴承套用 G71/G70 循环指令完成粗、精加工，精加工完成粗加工留的余量。

（2）加工工艺路线设计

1）夹工件右端（ϕ80mm 处），如图 7-9 所示，车左端外轮廓至 ϕ50mm、ϕ78mm 达到加工要求。镗 ϕ32mm、ϕ26mm 孔等。

2）调头，夹工件左端 ϕ50mm 外圆（包铜皮），如图 7-10 所示，车右端外轮廓，控制总长 108mm，达图样要求。

轴承套数控车削加工工序卡片见表 7-8。

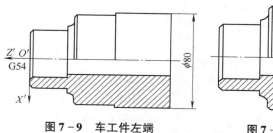

图 7-9　车工件左端　　　　　　图 7-10　车工件右端

（3）刀具选择　T01：93°外圆车刀；T02：镗刀；T03：5mm 宽切槽刀；T04：普通外螺纹车刀。

表 7-8　轴承套数控车削加工工序卡片

产品名称	零件名称	工序名称	工序号	程序编号	毛坯材料	使用设备	夹具名称
	轴承套	数控车削	10	O0705、O0706	08F 低碳钢	数控车床	自定心卡盘
工步号	工步内容	刀具			主轴转速/	进给速度/	背吃刀
		类型	材料	规格	(r/min)	(mm/min)	量/mm
1	粗（精）车左端外轮廓	外圆车刀	硬质合金	93°外圆左偏刀	600（1000）	100	2
2	粗（精）车 ϕ32mm、ϕ26mm 孔	镗刀	硬质合金	内孔镗刀	600（1000）	100	2
3	粗、精车右端外轮廓	外圆车刀	硬质合金	93°外圆左偏刀	600（1000）	100	1.5
4	切槽	切断刀	硬质合金	5mm 宽	600	50	1
5	车螺纹	外螺纹车刀	硬质合金	60°螺纹车刀	500	80	1.299

2. 程序编制

轴承套加工程序见表 7-9、表 7-10，程序名分别为 O0705、O0706。

表 7-9　轴承套左端加工程序

程序段号	FANUC 系统程序	备 注
	O0705；	程序号
N010	T0101；	换 T01 外圆车刀，导入 01 号刀补数据
N020	G00 X82 Z2 S600 M03；	到循环起点
N030	G71 U2 R1；	轴向粗车固定循环
N040	G71 P050 Q130 U0.5 W0.1 F100；	轴向粗车固定循环
N050	G00 X42；	ns 段，该段只能沿 X 轴移动
N060	G01 X50 Z-2 F80；	加工至中间值
N070	Z-30；	
N080	X58；	
N090	G02 X68 Z-35 R5；	
N100	G01 X74；	
N110	X78 Z-37；	
N120	Z-68；	
N130	X82；	nf 段，大于 ϕ80mm 毛坯

（续）

程序段号	FANUC 系统程序	备　注
N140	G00 X82 Z2 M03 S1000;	到循环起点
N150	G70 P050 Q130;	精车固定循环
N160	G00 X100 Z100;	返回安全换刀位置
N170	T0202;	换 T02 内孔镗刀，导入 02 号刀补数据
N180	G00 X18 Z2 S600 M03;	刀具长度补偿后到循环起点
N190	G71 U1 R0.5;	轴向粗车固定循环
N200	G71 P210 Q240 U−0.5 W0.1 F100;	轴向粗车固定循环
N210	G01 X32 Z−2 F80;	ns 段
N220	Z−30;	
N230	X26;	
N240	Z−110;	nf 段
N250	G00 X18 Z2 M03 S1000;	到固定循环起点
N260	G70 P210 Q250;	精车固定循环
N270	G00 Z5;	给定转折点，刀具安全退出孔口
N280	G00 X100 Z100;	到安全位置
N290	T0100;	换 T01 外圆车刀，取消刀具补偿
N300	M30;	程序结束

表 7-10　轴承套右端加工程序

程序段号	FANUC 系统程序	备　注
	O0706;	程序号
N010	T0101;	换 T01 外圆车刀，导入 01 号刀补数据
N020	G00 X82 Z2 S600 M03;	到循环起点
N030	G71 U2 R1;	轴向粗车固定循环
N040	G71 P50 Q110 U0.5 W0.1 F100;	轴向粗车固定循环
N050	G00 X34;	ns 段，该段只能沿 X 轴移动，否则数控系统报警
N060	G01 X42 Z−2 F80;	
N070	Z−35;	
N080	X52;	
N090	Z−45;	
N100	X74;	
N110	X80 Z−47;	nf 段
N120	G00 X82 Z2 M03 S1000;	到循环起点
N130	G70 P50 Q110;	精车固定循环
N140	G00 X100 Z100;	刀具退出
N150	T0303;	换 T03 切槽刀，导入 03 号刀补数据
N160	G00 X44 Z−35 S600 M03;	

（续）

程序段号	FANUC 系统程序	备 注
N170	G01 X38 F50;	切槽
N180	G00 X55;	刀具退出
N190	G00 X100 Z100;	
N200	T0404;	换 T04 外螺纹车刀，导入 04 号刀补数据
N210	G00 X44 Z5 S500 M03;	到循环起点
N220	G92 X41.102 Z−32 F2;	螺纹切削第一刀
N230	X40.502;	螺纹切削第二刀
N240	X39.902;	螺纹切削第三刀
N250	X39.502;	螺纹切削第四刀
N260	X39.402;	螺纹切削第五刀
N270	G00 X100 Z100;	返回安全位置
N280	T0100;	换 T01 外圆车刀并取消刀补
N290	M30;	程序结束

3. 仿真加工

请扫二维码分别观看左、右两端仿真加工视频。

0705

0706

 能力训练

1. 编程并仿真加工图 7−11 所示带孔轴。

（1）备料　ϕ40mm 毛坯，08F 低碳钢。

（2）刀具　外圆车刀；镗刀；4mm 宽切槽刀；普通外螺纹车刀；ϕ20mm 钻头。

（3）量具　游标卡尺 0～125mm，分度值为 0.02mm；0～25mm 内径千分尺；25～50mm 外径千分尺；环规 M30×1.5−6g 一套。

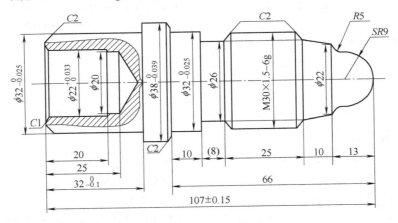

图 7−11　带孔轴

2. 编程并仿真加工图 7 - 12 所示锥套。

（1）备料　 ϕ72mm 毛坯，08F 低碳钢。

（2）刀具　外圆车刀；镗刀；4mm 宽内切槽刀；普通内螺纹车刀；ϕ30mm 钻头。

（3）量具　游标卡尺 0 ~ 125mm，分度值为 0.02mm；25 ~ 50mm 内径千分尺；50 ~ 75mm 外径千分尺；M36×2 - 7H 螺纹塞规一套。

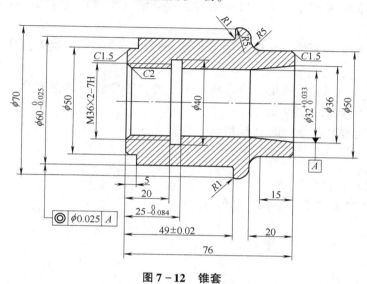

图 7 - 12　锥套

自测题

1. 选择题

（1）（　　）指令适用于车削铸件、锻件等毛坯轮廓形状与工件轮廓形状基本接近的工件。

  A. G71　　　　　　B. G72　　　　　　C. G73　　　　　　D. G75

（2）程序段 G70 P10 Q20 中，G70 的含义是（　　）加工循环指令。

  A. 螺纹　　　　　B. 外圆　　　　　C. 端面　　　　　D. 精

（3）（　　）指令是外径粗加工循环指令，主要用于阶梯直径相差较小的轴套类零件的粗加工。

  A. G70　　　　　　B. G71　　　　　　C. G72　　　　　　D. G73

（4）G72 指令是端面粗加工循环指令，主要用于阶梯直径相差较大的（　　）零件的粗加工。

  A. 锻造　　　　　B. 铸造　　　　　C. 孔盘类　　　　　D. 固定形状

（5）在 G72 Pns Qnf UΔu WΔw S500 程序格式中，（　　）表示精加工路径的最后一个程序段顺序号。

  A. Δw　　　　　B. nf　　　　　C. Δu　　　　　D. ns

（6）在 G73 Pns Qnf UΔu WΔw S500 程序格式中，（　　　）表示 *Z* 轴方向上的精加工余量。

A. Δu   B. Δw   C. ns   D. nf

2. 填空题

（1）在 G71 固定循环中，顺序号 ns 程序段必须沿（　　　）向进刀，且不能出现（　　　）坐标。

（2）在 G72 固定循环中，顺序号 ns 程序段必须沿（　　　）向进刀，且不能出现（　　　）坐标。

（3）为了高效切削铸造成形、粗车成形的工件，避免较多的空进给，选用固定循环指令（　　　）加工较为合适。

（4）G73 固定循环指令中的 R 是指（　　　）。

3. 简答题

（1）固定循环有什么作用？

（2）G71、G72 指令有何不同？如何应用？

项目 8   数控车削二次曲面类零件

任务导入

1. 零件图样

数控车削上模头,零件图样如图 8-1 所示。

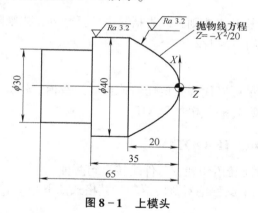

图 8-1   上模头

2. 任务要求

编制图 8-1 所示上模头的加工程序并进行仿真加工。

知识准备

用户宏程序是数控系统中的特殊编程功能,用户可以使用变量进行算术运算、逻辑运算和函数的混合运算。此外,宏程序还有循环语句、分支语句等,有利于编制如二次曲线等各种复杂零件加工程序,减少乃至免除手工编程时烦琐的数值计算,同时可以精简程序。

8.1 变量

8.1.1 变量表示

变量用符号"#"和后面的变量号指定，变量号可以是正整数或表达式，如果是表达式，必须封闭在方括号中，如#1、# [#1 + #2 - 10]。

常用变量及其含义见表 8-1。

表 8-1 常用变量及其含义

变量	含义
#1 ~ #33	局部变量
#100 ~ #199	公共变量（断电清除型）
#500 ~ #999	公共变量（断电保持型）
#1000 以上	系统变量

8.1.2 变量赋值

把常数或表达式的值送给一个变量称为赋值。如#1 = 50，#5 = 187/SQRT[2]。

8.1.3 变量运算

变量运算符合四则运算基本法则，即先括号内后括号外，先乘除后加减，且只能用方括号，如[#1 + #2 * COS [#3] - #4]/2。

8.1.4 变量引用

除地址 N、L 外，变量可以代替其他任何地址后的数值。例如，如果#1 = 1，则 G#1 相当于 G1；如果#3 = 10，则 X[#3] 相当于 X10。

8.2 条件语句 GOTOn、IF-GOTO

条件语句分为无条件跳转语句和有条件跳转语句两种。

（1）无条件跳转语句 又称绝对跳转语句，其格式如下：

GOTOn；

其中 n 为跳转目标程序段号，如 GOTO080 表示无条件转向执行 N080 程序段。

（2）有条件跳转语句 格式如下：

IF [条件表达式] GOTOn；

执行该程序段后，如果满足条件，则转向执行程序段 n；否则执行下一程序段。条件表达式中的各种比较符号见表 8-2。

表 8-2 条件表达式中的比较符号

比较符号	含义	比较符号	含义
EQ	等于（=）	GE	大于或等于（≥）
NE	不等于（≠）	LT	小于（<）
GT	大于（>）	LE	小于或等于（≤）

8.3　循环语句 WHILE-DOm-ENDm

循环语句指令格式如下：

WHILE［条件表达式］DOm；

…

ENDm；

若满足条件表达式，则重复执行从 DOm 到 ENDm 之间的程序段；若不满足条件时，则执行 ENDm 之后的程序段。应用循环语句时需注意 WHILE［条件表达式］DOm 和 ENDm 必须成对使用，并且 DOm 一定要在 ENDm 之前出现，谁和谁成对用识别号 m 来识别。

任务实施

完成图 8－1 所示的上模头的程序编制和仿真加工。

1．工艺分析与工艺设计

（1）图样分析　如图 8－1 所示，尺寸精度要求不高，表面粗糙度值要求是 $Ra\ 3.2\mu m$，因此要分粗、精加工。

（2）加工工艺路线设计　毛坯为 $\phi42mm \times 70mm$ 棒料，材料为 08F 低碳钢，采用自定心卡盘装夹，$\phi30mm$ 圆柱事先已加工好，本任务中只加工右端抛物线曲面及 $\phi40mm$ 圆柱。上模头数控车削加工工序卡片见表 8－3。

（3）刀具选择　T01：93°外圆车刀。

表 8－3　上模头数控车削加工工序卡片

产品名称	零件名称	工序名称	工序号	程序编号	毛坯材料	使用设备	夹具名称
上模头	数控车削			O0801	08F 低碳钢	数控车床	自定心卡盘
工步号	工步内容	刀具			主轴转速/（r/min）	进给速度/（mm/min）	背吃刀量/mm
		类型	材料	规格			
1	粗车外轮廓	外圆车刀	硬质合金	93°外圆右偏刀	900	100	1
2	精车外轮廓	外圆车刀	硬质合金	93°外圆右偏刀	1500	50	0.5

2．程序编制

将抛物线的 X 坐标作为自变量，对齐长度等分后，计算每一等分点的节点坐标，作为直线插补的 Z、X 坐标，以直代曲加工曲面。将动态 X 坐标作为计数器，通过对其值与规定的终值进行比较来判断是否继续运算。采用变量和 G71/G70 联合编程。变量定义见表 8－4，上模头程序见表 8－5，程序名为 O0801。

表 8 - 4 变量定义

#21	#4	#5	#6
X 方向步距（半径值）	X 坐标（半径值）	X 坐标（直径值）	Z 坐标
0.5mm	计数器	#4 * 2	- #4 * #4/20

表 8 - 5 数控车削上模头程序

FANUC 系统程序	备 注
O0801 ;	程序号
N010 T0101 ;	换刀 T01，导入 01 号刀补数据
N020 M03 S900 ;	主轴正转
N030 #21 = 0.5 ;	X 方向步距，半径值
N040 G00 X45 Z2 ;	到达循环起点
N050 G71 U1 R1 ;	轮廓粗车固定循环
N060 G71 P070 Q170 U0.5 W0.2 F100 ;	轮廓粗车固定循环，粗车进给速度为 100mm/min
N070 G00 X0 ;	ns 段
N080 M03 S1500 ;	为精加工提高转速
N090 G01 Z0 F50 ;	精车进给速度为 50mm/min
N100 #4 = 0 ;	计数器置零
N105 WHILE[#4 LE 20]DO1 ;	循环语句
N110 #5 = #4 * 2 ;	任意点 X 坐标
N120 #6 = - #4 * #4 /20 ;	根据 X 坐标计算出 Z 坐标
N130 G01 X[#5]Z[#6] ;	直线插补逼近曲线
N140 #4 = #4 + #21 ;	计数器计数，计算下一点 X 坐标
N150 END1 ;	一旦不满足条件则结束循环
N160 G01 Z-35 ;	直线插补
N170 X45 ;	nf 段
N180 G70 P070 Q170 ;	精车循环
N190 G00 X100 Z100 ;	返回安全位置
N200 M05 ;	主轴停转
N210 T0100 ;	取消刀补
N220 M30 ;	程序结束

请扫二维码观看编程视频。

3. 仿真加工

请扫二维码观看仿真加工视频。

0801（上）

0801（下）

0802

能力训练

1. 编程并仿真加工图 8 - 2 所示椭球轴。

（1）备料　φ32mm 毛坯，08F 低碳钢。

（2）刀具　外圆车刀；镗刀；内切槽刀；4mm 宽切槽刀；普通内螺纹车刀。

（3）量具　游标卡尺 0 ~ 125mm，分度值为 0.02mm；0 ~ 25mm 内径千分尺；25 ~ 50mm 外径千分尺；塞规 M20 × 1.5 一套。

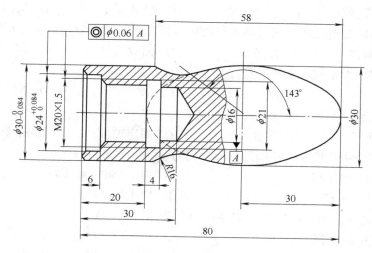

图 8 - 2　椭球轴

2. 编程并仿真加工图 8 - 3 所示抛物线曲面轴。

（1）备料　φ50mm 毛坯，08F 低碳钢。

（2）刀具　93°外圆车刀；镗刀；4mm 宽切槽刀；普通外螺纹车刀。

（3）量具　游标卡尺 0 ~ 125mm，分度值为 0.02mm；0 ~ 25mm 内径千分尺；0 ~ 25mm、25 ~ 50mm 外径千分尺；环规 M27 × 1.5 - 6g 一套。

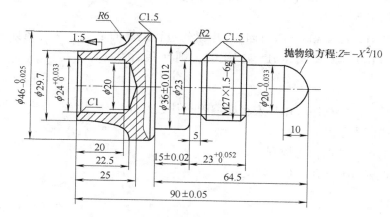

图 8 - 3　抛物线曲面轴

1. 选择题

(1) 在程序中使用变量，通过对变量进行赋值及处理使程序具有特殊功能，这种程序称为 (   )。

A. 宏程序　　　　B. 主程序　　　　C. 子程序　　　　D. 小程序

(2) 在 FANUC 数控系统中，可以独立使用并保存计算结果的变量为 (   )。

A. 空变量　　　　B. 系统变量　　　　C. 公共变量　　　　D. 局部变量

(3) 宏程序的变量之间可进行算术和逻辑运算，下列 (   ) 属于逻辑运算。

A. 绝对值　　　　B. 开平方　　　　C. 函数运算　　　　D. 或

(4) 宏程序中大于或等于的运算符为 (   )。

A. LE　　　　B. EQ　　　　C. GE　　　　D. NE

(5) 用户宏程序是指含有 (   ) 的程序。

A. 子程序　　　　B. 变量　　　　C. 固定循环　　　　D. 常量

(6) 下列变量引用段中，正确的引用格式为 (   )。

A. G01 [#1 + #2] F [#3]　　　　B. G01 X#1 + #2 F#3

C. G01 X = #1 + #2 F = #3　　　　D. G01 Z#1 F#3

(7) "IF [#2 EQ 10] …" 中 "#2 EQ 10" 表示 (   )。

A. #2 中的赋值小于 10　　　　B. #2 中的赋值大于 10

C. #2 中的赋值等于 10　　　　D. #2 中的赋值不等于 10

(8) 在 WHILE 后指定一个条件表达式，当指定条件满足时，则执行 (   )。

A. WHILE 到 DO 之间的程序　　　　B. DO 到 END 之间的程序

C. END 之后的程序　　　　D. 程序结束复位

2. 填空题

(1) 变量有 (   ) 和 (   ) 功能，常与条件语句或循环语句联合使用来编制非圆曲面加工程序。

(2) 指令 "#1 = #2 + #3 * SIN {#4}" 中最先进行运算的是 (   ) 运算。

(3) 若 #1 = 100，#2 = #1 + #1，#1 = #2，则 #1 最后为 (   )。

3. 简答题

(1) 什么是用户宏程序？用户宏程序编程有什么好处？

(2) 变量如何表示？

(3) 变量的运算遵循何种规则？

(4) 如何理解 #10 = #10 + 1 的含义？

第三篇

数控铣床（加工中心）
编程与仿真加工

项目9　斯沃（FANUC）数控铣仿真软件的操作

学习目标

- 认识斯沃数控铣仿真软件界面。
- 会装夹毛坯、刀具和进行铣床对刀。
- 会手动操作、MDI方式操作。
- 会新建、输入、编辑、导入程序和自动运行程序。
- 会修改刀具半径补偿值。

任务导入

1. 零件图样

平面带孔腔体如图9-1所示。

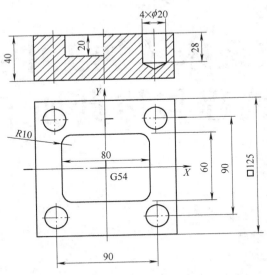

图9-1　平面带孔腔体

2. 任务要求

毛坯尺寸为125mm × 125mm × 42mm，根据给出的刀具表、加工工序卡片和加工程序，在数控铣仿真软件中进行模拟加工。

知识准备

9.1　斯沃（FANUC）数控铣仿真软件的进入和退出

9.1.1　进入数控铣仿真软件

在"开始→程序→斯沃数控机床仿真"菜单里单击"SWCNC"，或者在桌面双击图标 ，弹出登录窗口，如图9-2所示。

图9-2　登录窗口

1）在左边文件框内选择"单机版"。

2）在右边的"数控系统"下拉列表框中选择所要使用的 FANUC 0iM 系统。

3）点选"机器码加密"或"软件狗加密"。

4）单击"运行"按钮，进入系统界面。

9.1.2　退出数控铣仿真软件

单击仿真软件窗口的"关闭"按钮或"文件"下拉菜单中的"退出"命令，即可退出仿真软件。

9.1.3　工作界面

工作界面如图9-3所示。

1. 操作工具条

操作工具条包括文件管理、参数设置、刀具管理、工件设置、快速模拟加工等。

2. 菜单工具栏

斯沃数控铣仿真软件的所有操作均可以通过菜单命令来完成。

3. 视图工具栏

常用工具栏中的工具在对应的菜单中都可找到，执行这些命令可以通过菜单执行，也可以通过视图工具栏按钮来执行。

4. 主窗口屏幕

显示机床整体，通过窗口切换可以在三种显示模式之间切换。

5. 数控系统显示屏

显示机床移动坐标值，有相对坐标、绝对坐标和综合坐标。

6. 操作面板

通过操作面板上的各种按钮进行相应的操作。

7. 编程面板

用于程序编辑、参数输入等。

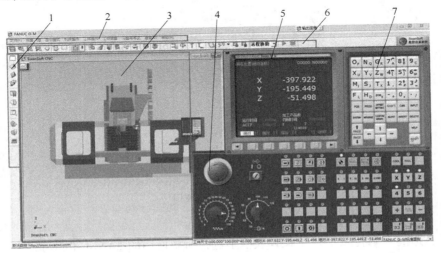

图 9 – 3 工作界面

1—操作工具条 2—菜单命令工具栏 3—主窗口屏幕 4—操作面板
5—数控系统显示屏 6—视图工具栏 7—编程面板

9.2 斯沃（FANUC）数控铣仿真软件的基本操作

9.2.1 回参考点

1）置模式旋钮在 位置。

2）选择各轴 X Y Z，单击按钮，即回参考点，注意 Z 轴先回。

其他操作请参考"斯沃数控车仿真软件操作"。

9.2.2 铣床对刀

FANUC 0iM 系统数控铣床上工件零点设置或者对刀有如下方法。

1. 直接用刀具试切对刀

（1）将工件零点设置在任意位置 将刀具移动到任意位置，把当前坐标 X、Y、Z 输入 G54 ~ G59 或单击鼠标右键直接存入 G54 ~ G59（见图 9 – 4）即可。

图9-4 试切对刀

请扫二维码观看操作视频。

0901

（2）将工件零点设置在毛坯上表面中心 操作过程如下：

①手动移动刀具沿平行于 Y 轴的方向进给，试切毛坯左侧，记录显示的 X 坐标并设为 X_1，如图9-5所示，$X_1 = -447.325$。

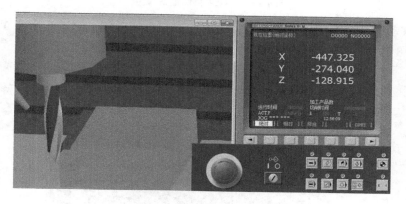

图9-5 试切毛坯左侧

②抬刀，试切与该侧平行的毛坯右侧，记录显示的 X 坐标并设为 X_2，如图9-6所示，$X_2 = -353.762$。

图9-6 试切毛坯右侧

③按公式 $X_0 = \dfrac{X_1 + X_2}{2}$ 计算。$X_0 = \dfrac{X_1 + X_2}{2} = \dfrac{-447.325 - 353.762}{2} = -400.544$，将结果存入到 G54 存储器中，如图 9-7 所示。

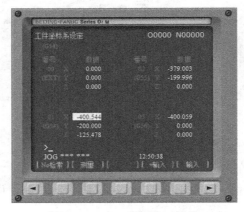

图 9-7 G54 存储器 X 置值

④手动移动刀具沿平行于 X 轴的方向进给，试切毛坯后侧，记录显示的 Y 坐标并设为 Y_1，如图 9-8 所示，$Y_1 = -146.188$。

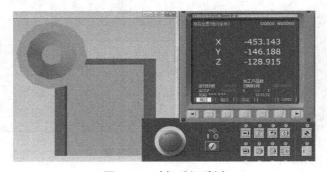

图 9-8 试切毛坯后侧

⑤抬刀，试切与该侧平行的毛坯前侧，记录显示的 Y 坐标并设为 Y_2，如图 9-9 所示，$Y_2 = -251.310$。

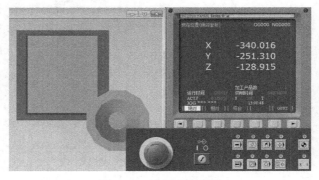

图 9-9 试切毛坯前侧

⑥按公式 $Y_0 = \dfrac{Y_1 + Y_2}{2}$ 计算。$Y_0 = \dfrac{Y_1 + Y_2}{2} = \dfrac{-146.188 - 251.310}{2} = -198.749$，将结果存入到 G54 存储器中，如图 9-10 所示。

图 9-10　G54 存储器 Y 置值

⑦抬刀，将铣刀底面慢慢靠近毛坯上表面，记录显示的 Z 坐标，如图 9-11 所示，$Z = -125.004$。将结果存入到 G54 存储器中，如图 9-12 所示，这样工件零点就设置完毕。

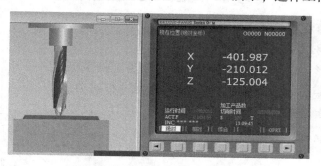

图 9-11　铣刀靠近工件顶面

提示：精加工时，如果沿 Z 轴向下平移，可以在图 9-10 所示界面中的 "EXT" 存储器中 Z 后置值，如下移 2mm，可置为 Z-2，G54 中 Z 坐标保持不变，但工件零点位置沿 Z 轴方向向下平移了 2mm。

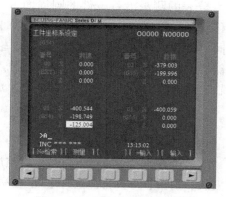

图 9-12　G54 存储器 Z 置值

请扫二维码观看操作视频。

2. 用寻边器、标准心轴和塞尺对刀

使用寻边器、标准心轴和塞尺在 XY 平面上的对刀操作与试切对刀操作过程一样。如图9-13所示，利用工具去靠近毛坯的四个侧面，不需要切削。Z 方向对刀时要卸下工具装上刀具后进行，操作过程与前述第⑦步相同，这里就不再重述。常在半精加工或精加工前使用寻边器、标准心轴和塞尺对刀。

0902

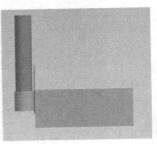

图 9-13　寻边器、标准心轴和塞尺对刀

0903

请扫二维码观看操作视频。

3. 圆形工件的对刀操作

如果工件为圆形，以圆柱或圆柱孔的中心作为工件坐标系 X 轴、Y 轴的原点，一般使用百分表或寻边器进行对刀。如图9-14所示，通过杠杆百分表（或千分表）对刀，设定工件坐标系原点。

操作过程如下：

1）设定 X 轴、Y 轴的原点。将百分表的安装杆装在刀柄上，或将百分表的磁性表座吸在主轴套筒上，移动工作台使主轴中心线（即刀具中心）大约移到工件中心，调节磁性表座上伸缩杆的长度和角度，使百分表的测头接触工件的圆周面，用手慢慢转动主轴，使百分表的测头沿着工件的圆周面

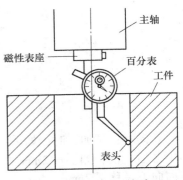

图 9-14　圆形工件对刀

转动，观察百分表指针的偏移情况，慢慢移动工作台的 X 轴和 Y 轴，多次反复后，待转动主轴时百分表的指针基本在同一位置，这时主轴的中心就是 X 轴和 Y 轴的原点。再将此时的坐标 X、Y 输入到 G54 存储器中，这样 X、Y 方向上的工件原点确立。

2）卸下百分表，装上铣刀，再根据前述步骤⑦设定 Z 轴原点。

任务实施

使用的刀具（表9-1）、加工工序卡片（表9-2）和数控加工程序已经给出，因此在仿真软件中只需要进行刀具安装、对刀、导入加工程序和自动运行程序四步操作。

表9-1 数控铣削刀具卡

刀具号	类型	材料	规格
T01	面铣刀	硬质合金	$\phi60mm$
T02	圆柱立铣刀	高速钢	$\phi20mm$
T03	麻花钻	高速钢	$\phi20mm$

表9-2 数控铣削加工工艺卡片

产品名称	零件名称	工序名称	工序号	程序编号	毛坯材料	使用设备	夹具名称
	带孔腔体	数控铣削		O0901、O0902、O0903	08F 低碳钢	数控铣床	机用平口钳
工步号	工步内容	刀具			主轴转速/（r/min）	进给速度/（mm/min）	切削深度/mm
		类型	材料	规格			
1	铣顶面	面铣刀	硬质合金	$\phi60mm$	500	80	2
2	铣圆角方腔	圆柱立铣刀	高速钢	$\phi20mm$	500	80	5
3	钻孔	麻花钻	高速钢	$\phi20mm$	800	100	34

加工程序如下：

O0901;（T01 铣顶面）
N010 G54 G17 G90 G40 G49 G80;
N020 M03 S500;
N030 G00 X102.5 Y42.5;
N040 Z-2;
N050 G91 G01 X-165 F80;
N060 Y-40;
N070 X165
N080 Y-35;
N090 X-165;
N100 G00 Z100;
N110 G90 X0 Y0;
N120 M30;
O0902;（T02 铣圆角方腔）
N010 G54 G17 G90 G17 G40 G49 G80;
N020 M03 S500;
N030 G00 X0 Y20;
N040 G01 Z-5 F80;（第2刀修改为 Z-10;第3刀修改为 Z-15;第4刀修改为 Z-20）
N050 G91 X22.5;
N060 G02 X7.5 Y-7.5 R7.5;
N070 G01 Y-25;
N080 G02 X-7.5 Y-7.5 R7.5;
N090 G01 X-45;
N100 G02 X-7.5 Y7.5 R7.5;

```
N110 G01 Y25;
N120 G02 X7.5 Y7.5 R7.5;
N130 G01 X22.5;
N140 Y-10;
N150 X15;
N160 G02 X5 Y-5 R5;
N170 G01 Y-10;
N180 G02 X-5 Y-5 R5;
N190 G01 X-30;
N200 G02 X-5 Y5 R5;
N210 G01 Y10;
N220 G02 X5 Y5 R5;
N230 G01 X15;
N240 G90 X0 Y0;
N250 G00 Z100;
N260 M30;
O0903;(T03 钻孔)
N010 G54 G17 G90 G40 G49 G80;
N020 M03 S800;
N030 G00 X45 Y45;
N040 Z3;
N050 G99 G81 Z-34 F100;
N060 Y-45;
N070 X-45;
N080 Y45;
N090 G80 G00 Z100;
N100 X0 Y0;
N110 M30;
```

请扫二维码观看仿真加工视频。

0904

●∙∙
能力训练

根据已知数控加工程序 O0904，在数控铣仿真软件上仿真加工图 9 - 15 所示四孔板的四个孔，毛坯尺寸为 60mm × 40mm × 20mm。

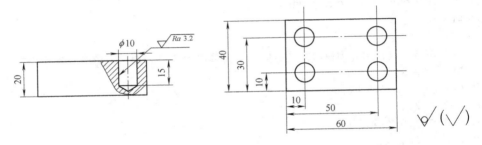

图 9 - 15 四孔板

110

```
O0904;
N010 G54 G17 G90 G49 G40 G80 G21;
N020 G91 G28 Z0;
N030 T01 M06;
N040 M03 S500;
N050 G90 G00 G43 H01 Z50;
N060 G99 G81 X10 Y30 Z-18 R3 F50;
N070 X50
N080 Y10;
N090 G98 X10;
N100 G49 G80 G91 G28 Z0;
N110 M05;
N120 M30;
```

自测题

1. 选择题

（1）数控铣床开机第一步操作是回零，先回（　　　）轴。

　　A. *X*　　　　　　　B. *Y*　　　　　　　C. *Z*　　　　　　　D. *C*

（2）数控铣仿真软件中，安装的毛坯有（　　　）和（　　　）。

　　A. 长方体　　　　B. 圆柱体　　　　C. 腔体　　　　　　D. 带孔件

（3）数控铣仿真软件中，工件装夹方式有（　　　）、（　　　）、（　　　）。

　　A. 直接装夹　　　B. 自定心卡盘　　C. 工艺板装夹　　D. 平口钳装夹

（4）下列图标中（　　　）表示"手轮进给方式"。

　　A. ▨　　　　　　B. ▨　　　　　　C. ▨　　　　　　D. ▨

（5）单击以下（　　　）按键可以进入"坐标系"操作界面。

　　A. ▨　　　　　　B. ▨　　　　　　C. ▨　　　　　　D. ▨

（6）以下（　　　）按键可以进行程序字"替代"。

　　A. ▨　　　　　　B. ▨　　　　　　C. ▨　　　　　　D. ▨

2. 简答题

（1）寻边器有何作用？

（2）数控铣床（加工中心）为什么要对刀？

（3）当工件零点建立在毛坯顶面中心，粗加工时顶面被切掉一层，精加工还需要重新对刀吗？

（4）数控铣床（加工中心）有哪些对刀方法？

项目 10　数控铣削加工工艺分析

学习目标

- 能够根据加工内容选择合适的平面铣削方法。
- 会识别、选用铣刀。
- 会选择合适的切削用量。
- 会安装刀具和工件。
- 会编制数控铣削刀具选用卡和加工工序卡片。

任务导入

1. 零件图样

泵体如图 10-1 所示。

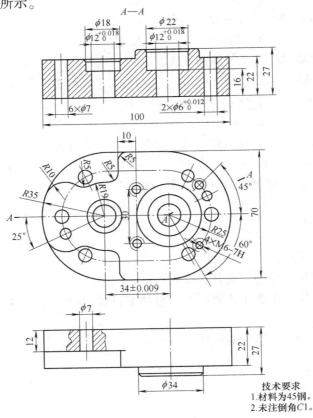

图 10-1　泵体

技术要求
1. 材料为45钢。
2. 未注倒角C1。

2. 任务要求

分析图 10-1 所示泵体的数控加工工艺，并编制刀具选用卡和加工工序卡片。

知识准备

10.1　数控铣削工艺

10.1.1　平面铣削的分类及进给路线

1. 平面铣削的分类

在数控铣床上，平面是指被加工工件表面平行于机床坐标轴。若被加工工件的表面与机床坐标轴成一定角度，这样的平面在数控加工中被定义为空间平面，属于三维加工。这里讲的平面铣削是二维平面加工。被加工平面的类型一般可分为凸出平面、开放台阶平面和封闭内凹平面，如图 10-2 所示。根据尺寸大小，平面又可分为大平面和小平面。

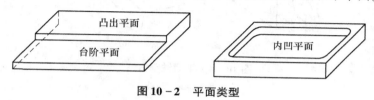

图 10-2　平面类型

2. 平面铣削的进给路线

铣削平面的宽度大于铣刀直径时，一次进给不能完成全部铣削加工，要进行多次进给，这就涉及进给路线的选择。平面铣削进给路线的安排比较简单，一般有单向进给和往复进给两种方式。

单向进给如图 10-3a 所示，进给方向不变，始终朝着一个方向，这样安排进给路线的优点是能够保证铣刀铣削过程中始终是顺铣或逆铣，有利于铣削，但需要增加快速退刀路线，使进给路线变得较长。

往复进给如图 10-3b 所示，无须快速退刀路线，但由于相邻进给路线的铣削方向是相反的，所以在铣削过程中顺铣、逆铣交替出现，不利于铣削。

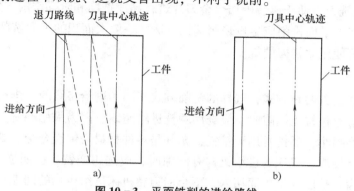

图 10-3　平面铣削的进给路线

a）单向进给　b）往复进给

10.1.2 平面铣削的方法

1. 周铣与端铣

对于平面的铣削加工，有用立铣刀周铣和用面铣刀端铣两种方式。

平面是组成机械零件的基本表面之一，其质量可用平面度和表面粗糙度来衡量。平面大部分是在数控铣床上加工的，在数控铣床上获得平面的方法有两种，即周铣和端铣。以立式数控铣床为例，用分布于铣刀圆柱面上的刀齿进行的铣削称为周铣（即铣削垂直面），如图 10-4a 所示；用分布于铣刀端面上的刀齿进行的铣削称为端铣，如图 10-4b 所示。

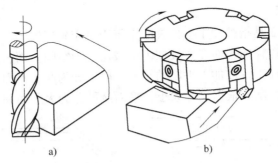

图 10-4 平面铣削方法

a）周铣　b）端铣

面铣刀端铣的特点如下：

1) 用端铣的方法铣出平面，其平面度的好坏主要取决于铣床主轴轴线与进给方向的垂直度。面铣刀加工时，它的轴线垂直于工件的加工表面。

2) 端铣用的面铣刀装夹刚性较好，铣削时振动较小。

3) 端铣时，同时工作的刀齿数比周铣时多，工作较平稳。这是因为端铣时，刀齿在铣削层宽度的范围内工作。

4) 端铣时用面铣刀切削，其刀齿的主、副切削刃同时工作，由主切削刃切去大部分余量，副切削刃则可起到修光作用，铣刀齿刃负荷分配也比较合理，铣刀使用寿命较长，且加工表面的表面粗糙度值也比较小。

5) 端铣的面铣刀，便于镶装硬质合金刀片进行高速铣削和阶梯铣削，生产效率高。

由于以上特点，平面铣削应尽量采用端铣方法，一般大面积的平面铣削使用面铣刀，小面积平面铣削也可使用立铣刀端铣。

2. 顺铣和逆铣

铣削有顺铣和逆铣两种方式，选择的铣削方式不同，进给路线的安排也不同。当工件表面无硬皮，机床进给机构无间隙时，应选用顺铣进给路线。因为采用顺铣加工零件时加工表面质量好，刀齿磨损小，顺铣常用于精铣，尤其是零件材料为铝镁合金、铁合金或耐热合金时。当工件表面有硬皮，机床的进给机构有间隙时，应选用逆铣，按照逆铣安排进给路线。因为逆铣时，刀齿是从已加工表面切入，不会崩刃，机床进给机构的间隙也不会引起振动和爬行。

图 10-5 所示为使用立铣刀进行铣削时的顺铣与逆铣的俯视图。为便于记忆，把顺铣与逆铣归纳为（在俯视图中看，铣刀顺时针旋转）：切削工件外轮廓时，绕工件外轮廓顺时针进给即为顺铣，如图 10-6a 所示，绕工件外轮廓逆时针进给即为逆铣，如图 10-6b 所示；切削工件内轮廓时，绕工件内轮廓逆时针进给即为顺铣，如图 10-7a 所示，绕工件内轮廓顺时针进给即为逆铣，如图 10-7b 所示。

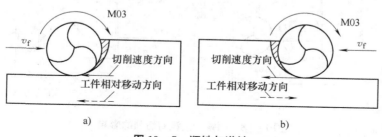

图 10-5 顺铣与逆铣

a）顺铣 b）逆铣

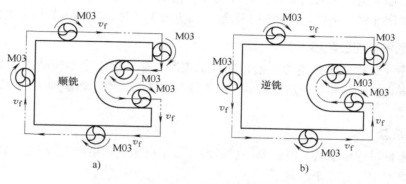

图 10-6 顺铣、逆铣与进给路线（一）

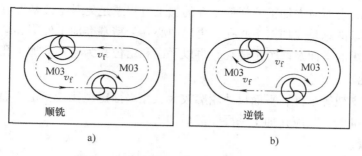

图 10-7 顺铣、逆铣与进给路线（二）

对于立式数控铣床（加工中心）所采用的立铣刀，铣刀装在主轴上时，相当于悬臂梁结构，在切削加工时，刀具会产生弹性弯曲变形，如图 10-8 所示。

从图 10-8a 可以看出，当用立铣刀顺铣时，刀具在切削时会产生"让刀"现象，即切削时出现大量"欠切"；而用立铣刀逆铣时（见图 10-8b），刀具在切削时会产生"啃刀"现象，即切削时出现"过切"。这种现象在刀具直径越小、刀杆伸出越长越明显，所以在选择刀具时，从提高生产效率、减小刀具弹性弯曲变形的影响考虑，应选直径大的刀具，在装刀时刀杆尽量伸出短些。

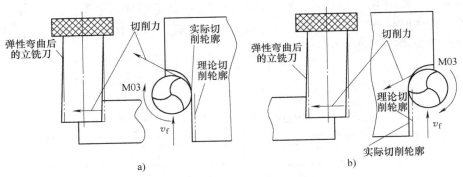

图 10 - 8　顺铣、逆铣对切削的影响
a）顺铣　b）逆铣

编程时，如果粗加工采用顺铣，则可以不留精加工余量（余量在切削时由让刀让出）；如果粗加工采用逆铣，则必须留精加工余量，预防由于"过切"而引起加工工件的报废。

10.1.3　平面铣削加工顺序

加工顺序（又称工序）通常包括切削加工工序、热处理工序和辅助工序等，工序安排得科学与否将直接影响零件的加工质量、生产效率和加工成本。切削加工工序通常按以下原则安排。

1. 先粗后精

当加工零件精度要求较高时，要经过粗加工、半精加工和精加工阶段，如果精度要求更高，还包括光整加工等几个阶段。

2. 基准面先行

用作精基准的表面应先加工。任何零件的加工过程总是先对定位基准进行粗加工和精加工。例如，轴类零件总是先加工中心孔，再以中心孔为精基准加工外圆和端面；箱体类零件总是先加工定位用的平面及两个定位孔，再以平面和定位孔为精基准加工孔系和其他平面。

3. 先面后孔

对于箱体、支架等零件，平面尺寸轮廓较大，用平面定位比较稳定，而且孔的深度尺寸又是以平面为基准的，故应先加工平面，然后加工孔。

4. 先主后次

先加工主要平面，然后加工次要表面。

10.2　数控铣削刀具

10.2.1　认识铣刀

1. 铣刀各部分的名称和作用

铣刀的几何形状如图 10 - 9 所示，其各部分名称和定义如下：

前刀面：刀具上切屑流过的表面。

主后刀面：刀具上同前刀面相交形成主切削刃的后刀面。

副后刀面：刀具上同前刀面相交形成副切削刃的后刀面。

主切削刃：起始于切削刃上主偏角为零的点，并至少有一段切削刃拟用来在工件上切出过渡表面的那个整段切削刃。

副切削刃：切削刃上除主切削刃以外的刃，亦起始于主偏角为零的点，但它向背离主切削刃的方向延伸。

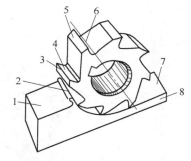

图 10 - 9　铣刀的组成部分

1—待加工表面　2—切屑　3—主切削刃　4—前刀面
5—主后刀面　6—铣刀棱　7—已加工表面　8—工件

刀尖：指主切削刃与副切削刃的连接处相当少的一部分切削刃。

2. 铣刀铣削部分的常用材料

常用的铣刀材料有高速工具钢和硬质合金两种。

（1）高速工具钢（简称高速钢、锋钢等）　有通用高速钢和特殊用途高速钢两种。高速钢具有以下特点：

1）合金元素，如 W（钨）、Cr（铬）、Mo（钼）、V（钒）等的含量较高，淬火硬度可达到 62 ~ 70HRC，在 600°C 高温下，仍能保持较高的硬度。

2）强度和韧性好，抗振性强，可用于制造切削速度较低的刀具，即使刚性较差的机床，采用高速钢铣刀，仍能顺利切削。

3）工艺性能好，锻造、焊接、切削加工和刃磨都比较容易，还可以制造形状较复杂的刀。

4）与硬质合金材料相比，仍有硬度较低、热硬性和耐磨性较差等缺点。

（2）硬质合金　硬质合金是金属碳化物 WC（碳化钨）、TiC（碳化钛）和以 Co（钴）为主的金属黏结剂经粉末冶金工艺制造而成的，其主要特点如下：

1）耐高温。在 800 ~ 1000°C 左右仍能保持良好的切削性能。切削时可选用比高速钢高 4 ~ 8 倍的切削速度。

2）常温硬度高，耐磨性好。

3）抗弯强度低，冲击韧度差，切削刃不易刃磨得很锋利。

3. 常用铣刀及其用途

铣刀是一种多刃刀具，其几何形状较复杂，种类较多。

（1）面铣刀（见图 10 - 10）　主要用于铣削平面，应用较多的为硬质合金面铣刀。

图 10 - 10　面铣刀

（2）立铣刀（见图 10 - 11）　主要用于铣削台阶面、小平面和相互垂直的平面。它的圆柱切削刃起主要切削作用，端面切削刃起修光作用，故不能做轴向进给。其刀齿分为细齿与粗齿两种，用于安装的柄部有圆柱柄与莫氏锥柄两种，通常小直径为圆柱柄，大直径为锥柄。

图 10 - 11　立铣刀

（3）球头铣刀（见图 10 - 12）　用于铣削曲面。

（4）键槽铣刀（见图 10 - 13 和图 10 - 14）　用于铣键槽，其外形与立铣刀相似，与立铣刀的主要区别在于其只有两个螺旋刀齿，且端面切削刃延伸至中心，故可做轴向进给，直接切入工件。

图 10 - 12　球头铣刀　　图 10 - 13　直柄键槽铣刀　　图 10 - 14　半圆键槽铣刀

4. 铣刀的规格

为便于识别与使用各种类型的铣刀，铣刀刀体上均刻有标记，包括铣刀的规格、材料和制造厂等。铣刀的规格与尺寸已标准化，使用时可查阅有关手册。对于圆柱形铣刀、三面刃铣刀和锯片铣刀等，用外圆直径×宽度（厚度）（$d \times L$）表示；对于立铣刀、面铣刀和键槽铣刀，则只标注外圆直径（d）。

10.2.2　选择铣刀

应根据数控铣床/加工中心的加工能力、工件材料的性能、加工工序、切削用量，以及其他相关因素进行综合考虑来选用刀具及刀柄。

1. 铣刀刀柄的选择

铣刀刀具通过刀柄与数控铣床或加工中心主轴连接，刀柄一般采用 7:24 锥面与主轴锥孔配合定位，通过拉钉使刀柄与其尾部的拉刀机构固定连接。常用的刀柄规格有 BT30、BT40 和 BT50 等，在高速加工中心上则使用 HSK 刀柄、莫氏锥度刀柄、弹簧夹刀柄、强力夹刀柄和特殊刀柄等。各种刀柄的形状如图 10 - 15 所示。

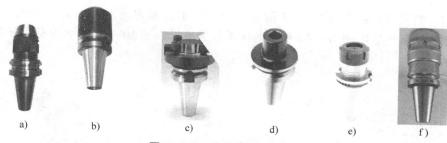

图 10 - 15　常用数控铣刀刀柄

a）钻夹头刀柄　b）侧固式刀柄　c）面铣刀刀柄　d）莫氏锥度刀柄　e）弹簧夹刀柄　f）强力夹刀柄

2. 铣刀刀具的选择

由于加工性质不同，刀具的选择重点也不一样。粗加工时，要求刀具有足够的切削能力快速去除材料；而在精加工时，由于加工余量较小，主要是要保证加工精度和形状，要使用较小的刀具，以保证加工到每个角落。当工件的硬度较低时，可以使用高速钢刀具，而切削高硬度材料的时候，就必须要用硬质合金刀具。在加工中要保证刀具及刀柄不会与工件相碰撞，避免造成刀具或工件的损坏。

生产中，平面铣削应选用不重磨硬质合金面铣刀、立铣刀或可转位面铣刀；平面零件周边轮廓的加工，常选用立铣刀；加工凸台和凹槽时，选用平底立铣刀；加工毛坯表面或粗加工时，可选用硬质合金波纹立铣刀；对于一些立体型面和变斜角轮廓外形的加工，常选用球头铣刀、环形铣刀、锥形铣刀和盘形铣刀；当曲面形状复杂时，为了避免干涉，建议使用球头铣刀，通过调整加工参数也可以达到较好的加工效果。钻孔时，要先用中心钻或球头铣刀钻小孔。可分两次钻削，先用小一点型号的钻头钻孔至所需深度，再用所需的钻头进行加工，以保证孔的精度。

在进行较深的孔加工时，特别要注意钻头的冷却和排屑问题，一般利用深孔钻削循环指令进行编程，可以工进一段后，钻头快速退出工件，进行排屑和冷却之后再工进，再进行冷却和排屑，直至孔深钻削完成。

10.2.3　铣刀装夹

数控铣床/加工中心的刀柄及配件如图 10 - 16 所示。组装数控铣床工具系统时，要将拉钉旋入刀柄上端的螺纹孔中，将刀具装入对应规格的夹头中，然后再装入刀柄中。

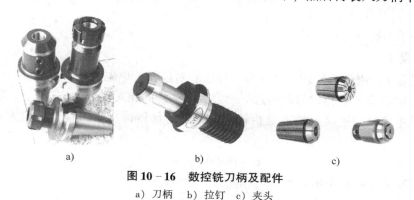

图 10 - 16　数控铣刀柄及配件

a）刀柄　b）拉钉　c）夹头

装刀时，需把刀柄放在图 10 - 17 所示的锁刀座上，锁刀座上的键对准刀柄上的键槽，使刀柄无法转动，然后用图 10 - 18 所示的扳手锁紧螺母。图 10 - 19 所示为安装好刀具和拉钉后的刀柄。

图 10 - 17　锁刀座　　　　图 10 - 18　扳手　　　图 10 - 19　安装好刀具和拉钉后的刀柄

10.3　铣削用量的确定

10.3.1　铣削要素

如图 10 - 20 所示，铣削要素有铣削速度、进给量、铣削深度与铣削宽度。

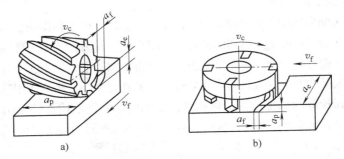

图 10 - 20　铣削要素

a）周铣　b）端铣

1. 铣削速度 v_c

铣刀旋转时的切削速度（m/min）为

$$v_c = \pi d_0 n / 1000$$

式中　d_0——铣刀直径（mm）；

　　　n——铣刀转速（r/min）。

2. 进给量 f

1）进给量 f 是指铣刀每转一转，与工件的相对位移，单位为 mm/r。

2）每齿进给量 f_z 是指铣刀每转过一个齿，与工件的相对位移，$f_z = f/z$，z 为铣刀齿数。

3）每秒进给量即进给速度 v_f 是指铣刀与工件的每秒钟相对位移，单位为 mm/s，公式表示为

$$v_f = fn/60 = f_z z n / 60$$

3. 背吃刀量（铣削深度）a_p

背吃刀量指平行于铣刀轴线方向的切削层尺寸。

4. 侧吃刀量（铣削宽度）a_e

侧吃刀量指垂直于铣刀轴线方向的切削层尺寸。

10.3.2　铣削用量的选择

确定铣削深度时，如果机床功率和工艺系统刚性允许而加工质量要求不高（Ra 值不小于 $5\mu m$），且加工余量又不大（一般不超过 $6mm$），可以一次铣去全部余量。若加工质量要求较高或加工余量太大，铣削则应分两次进行。在工件宽度方向上，一般应将余量一次切除。

加工条件不同，选择的切削速度 v_c 和每齿进给量 f_z 也应不同。工件材料较硬时，f_z 及 v_c 值应取得小些；刀具材料韧性较大时，f_z 值可取得大些。刀具材料硬度较高时，v_c 的值可取得大些；铣削深度较大时，f_z 及 v_c 值应取得小些。

各种切削条件下的 f_z、v_c 值及计算公式可查阅《金属机械加工工艺手册》或相关刀具供应商提供的刀具手册等有关资料。

10.4　工件的装夹

10.4.1　直接安装

对于体积较大的工件，大都将其直接压在工作台面上，用组合压板夹紧。对于图 10－21a 所示的装夹方式，只能进行非贯通的挖槽或钻孔、部分外形加工等；也可在工件下面垫上厚度适当且加工精度较高的等高垫块后再将其压紧（见图 10－21b），这种装夹方法可进行贯通的挖槽或钻孔、部分外形加工等。

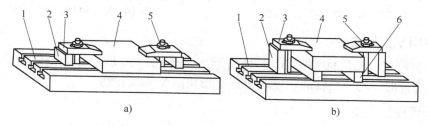

a)　　　　　　　　　　　　　　　　b)

图 10－21　工件直接装夹在工作台面上的方法

a）不用等高垫块　b）使用等高垫块

1—工作台　2—支承块　3—压板　4—工件　5—双头螺柱　6—等高垫块

10.4.2　使用机用平口钳装夹

机用平口钳适用于中小尺寸和形状规则的工件（见图 10－22），它是一种通用夹具，一般有非旋转式和旋转式两种。前者刚性较好，后者底座上有一刻度值，能够把机用平口钳转成任意角度。安装机用平口钳时必须先将底面和工作台面擦干净，利用百分表找正钳口，使钳口与相应的坐标轴平行，以保证铣削的加工精度，如图 10－23所示。

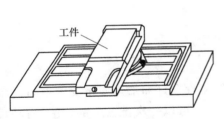

图 10－22　机用平口钳装夹工件

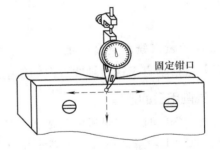

图 10－23　机用平口钳的找正

10.4.3　使用弯板装夹

弯板（或称角铁）主要用来固定长度、宽度较大而且厚度较小的工件。图 10－24、图 10－25所示分别为常用弯板的类型及使用方法。

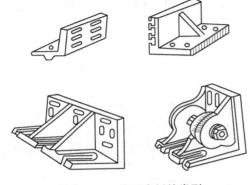

图 10－24　常用弯板的类型

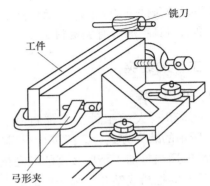

图 10－25　弯板的使用方法

10.4.4　使用 V 形块装夹

常见的 V 形块有夹角 90°和 120°两种槽形，如图 10－26 所示。无论使用哪一种槽形，在装夹轴类零件时，均应使轴的定位表面与 V 形块的 V 形面相切。

10.4.5　使用托盘装夹

如果对工件四周进行加工，因进给路径的影响，很难安排装夹工件所需的定位和夹紧装置。这时可采用托盘装夹工件的方法，工件用螺钉紧固在托盘上（见图 10－27），找正工件，使工件在工作台上定位，在机床工作台上利用压板和 T 形槽、螺栓夹紧托盘。也可用机用平口钳夹紧托盘。这就避免了进给时刀具与夹紧装置的干涉。

图 10－26　V 形块

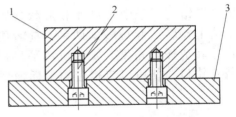

图 10－27　利用托盘装夹工件示例

1—工件　2—内六角螺钉　3—托盘

10.4.6 使用组合夹具、专用夹具装夹

传统组合夹具或专用夹具一般具有工件的定位和夹紧、刀具的导向和对刀等四种功能，而数控机床上由程序控制刀具的运动，不需要利用夹具限制刀具的位置，即不需要夹具的对刀和导向功能，所以数控机床所用夹具只要求具有工件的定位和夹紧功能，夹具的结构一般比较简单，如图 10-28 所示。

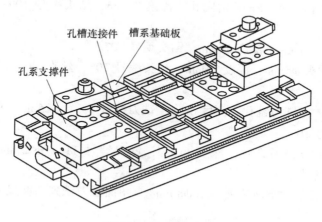

图 10-28 组合夹具

任务实施

根据泵体零件图，从以下几个方面进行工艺分析。

1. 毛坯

零件尺寸为 100mm × 70mm × 27mm，单件生产，因此选用尺寸为 110mm × 75mm × 40mm 的毛坯，材料为 45 钢。

2. 加工设备

零件小，零件轮廓由直线、圆弧组成，孔的规格较多，选用 XH714 型三轴联动立式加工中心加工，能完全满足使用要求。

3. 装夹

零件形状规整，选用大小合适的机用平口钳装夹，夹 70mm 尺寸两边，零件表面高出钳口 32mm，夹持厚度为 8mm。

4. 确定加工方案

根据零件形状及加工精度要求，采用先面后孔、先粗后精、先重要后次要的工艺原则，确定加工方案如下：

1）顶面。ϕ80mm 直角面铣刀光平，层厚 3mm，铣刀编号 T01。

2）ϕ34mm 凸台。ϕ80mm 直角面铣刀分 2 层铣，层厚 2.5mm，铣刀编号 T01。

3）两凹小轮廓。ϕ8mm 圆柱立铣刀分 4 层铣，层厚 2.5mm，铣刀编号 T02。

4）大轮廓。ϕ25mm 圆柱立铣刀分 5 层铣，层厚 5.4mm，铣刀编号 T13。

5）孔加工。

①A2 钻中心孔，所有孔，深度 3mm，中心钻编号 T04。

②具体孔加工。

$2 \times \phi 12_0^{+0.018}$ mm：钻头 $\phi 10.7$ mm 钻底孔，左侧孔深度 28mm，右侧孔深度 33mm，钻头编号 T08；铰刀 $\phi 12$ H7，铰左侧孔深度 24mm，右侧孔深度 29mm，铰刀编号 T11。

$2 \times \phi 6_0^{+0.012}$ mm：钻头 $\phi 5.8$ mm 钻底孔，深度 26mm，钻头编号 T06；铰刀 $\phi 6$ H7，深度 24mm，铰刀编号 T10。

$6 \times \phi 7$ mm：钻头 $\phi 7$ mm，深度 27mm，钻头编号 T07。

$4 \times M6 - 7H$：钻头 $\phi 5$ mm，深度 26mm，钻头编号 T05；丝锥 M6 - 7H，深度 24mm，丝锥编号 T12。

$\phi 18$ mm：$\phi 18$ mm 立铣刀铣孔，深度 6mm，铣刀编号 T03；$\phi 25$ mm $\times 90°$ 锪孔钻倒角，深度 1mm，锪孔钻编号 T09。

$\phi 22$ mm：$\phi 22$ mm 立铣刀铣孔，深度 11mm，铣刀编号 T14；$\phi 25$ mm $\times 90°$ 锪孔钻倒角，深度 1mm，锪孔钻编号 T09。

6）铣底面。翻转零件重新装夹，用 $\phi 80$ mm 直角面铣刀铣到高度尺寸，深度 10mm（以实测为准）。

5. 编制泵体铣削加工刀具选用卡和加工工序卡片

结果见表 10 - 1 和表 10 - 2。

表 10 - 1　泵体铣削加工刀具选用卡

刀具号	类型	材料	规格
T01	直角面铣刀	硬质合金	$\phi 80$ mm
T02	圆柱立铣刀	高速钢	$\phi 8$ mm
T03	圆柱立铣刀	高速钢	$\phi 18$ mm
T04	中心钻	高速钢	A2
T05	钻头	高速钢	$\phi 5$ mm
T06	钻头	高速钢	$\phi 5.8$ mm
T07	钻头	高速钢	$\phi 7$ mm
T08	钻头	高速钢	$\phi 10.7$ mm
T09	锪孔钻	高速钢	$\phi 25$ mm $\times 90°$
T10	铰刀	高速钢	$\phi 6$ H7
T11	铰刀	高速钢	$\phi 12$ H7
T12	丝锥	高速钢	M6 - 7H
T13	圆柱立铣刀	高速钢	$\phi 25$ mm
T14	圆柱立铣刀	高速钢	$\phi 22$ mm

表 10-2　泵体铣削加工工序卡片

(工厂)	机械加工工序卡片	产品名称及型号	齿轮泵	零件名称	泵体	零件图号	001
		材料	名称 钢 / 牌号 45 / 性能 可锻性好	毛坯	种类 锻件 / 尺寸/mm 110×75×40	第1页 共1页	
			零件质量 1	每台件数	每批件数 10	毛质量 6kg 净质量 5kg	

切削用量

工序	安装	工步	工序内容	背吃刀量/mm	总切削深度/mm	主轴转速/(r/min)	进给速度/(mm/min)	夹具	刀具	量具
1	机用平口钳装夹，夹持70mm边，表面两高出钳口32mm，夹持厚度为8mm	1	顶面	3	3	2000	80	机用平口钳	T01	
		2	φ34mm凸台	2.5	5	2000	80		T01	游标卡尺
		3	两凹小轮廓	2.5	10	500	80		T02	游标卡尺
		4	大轮廓	5.4	27	500	80		T13	内径千分尺
		5	钻中心孔	3	3	1200	120		T04	
		6	钻2×φ12$^{+0.008}_{0}$mm孔	5	左28，右33	800	100		T08	
		7	铰2×φ12$^{+0.008}_{0}$mm孔	4	左24，右29	300	100		T11	内径千分尺
		8	钻2×φ6$^{+0.012}_{0}$mm孔	5	26	1000	100		T06	内径千分尺
		9	铰2×φ6$^{+0.012}_{0}$mm孔	4	24	500	100		T10	
		10	钻4×φ7mm孔	5	27	1000	100		T07	
		11	钻2×φ7mm孔	5	17	1000	100		T07	
		12	钻4×M6-7H底孔	5	26	1000	80		T05	
		13	攻螺纹4×M6-7H	4	24	300	300		T12	螺纹塞规 M6-7H
		14	铣φ18mm孔	3	6	500	50		T03	游标卡尺
		15	铣φ22mm孔	4	11	500	50		T14	游标卡尺
		16	φ18mm倒角	1	1	500	50		T09	
		17	φ22mm倒角	1	1	500	50		T09	
2	翻转装夹	18	底面	5	10	2000	80		T01	游标卡尺

工艺装备名称及编号

请扫二维码观看工序卡片的编制。

能力训练

分析图 10 - 29 所示泵盖的数控加工
工艺，并编制数控铣削加工刀具选用卡
（见表 10 - 3）和加工工序卡片（见表 10 - 4）。

1001（上）

1001（中）

1001（下）

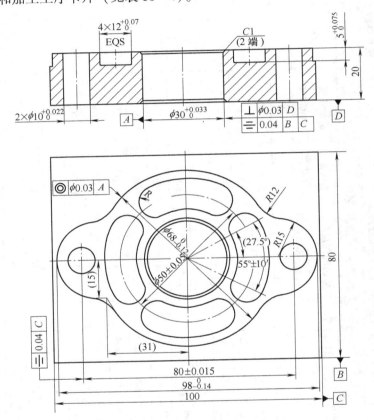

图 10 - 29　泵盖

表 10 - 3　泵盖数控铣削加工刀具选用卡

刀具号	类型	材料	规格

（续）

刀具号	类型	材料	规格

表 10 – 4　泵盖数控铣削加工工序卡片

（工厂）	机械加工工序卡片	产品名称及型号		零件名称		零件图号		第　页
		材料	名称	毛坯	种类		毛质量	共　页
			牌号		尺寸	零件质量	净质量	
			性能	每合件数			每批件数	
工序	安装	工步	工序内容	切削用量			工艺装备名称及编号	
				背吃刀量/mm	总切削深度/mm	主轴转速/(r/min)	进给速度/(mm/min)	夹具
								刀具
								量具

自测题

1. 选择题

（1）在数控铣床上，平面是指（　　）平行于（　　）。

　　A. 被加工表面　机床坐标轴　　　　　B. 被加工表面　主轴

　　C. 毛坯顶面　机床坐标轴　　　　　　D. 毛坯顶面　主轴

（2）平面的铣削加工，有立铣刀（　　）和面铣刀（　　）。

　　A. 端铣　周铣　　　B. 周铣　端铣　　　C. 侧铣　周铣　　　D. 侧铣　端铣

（3）图 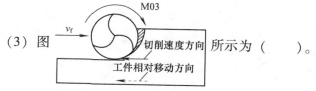 所示为（　　）。

　　A. 顺铣　　　　　　B. 逆铣　　　　　　C. 端铣　　　　　　D. 面铣

（4）图 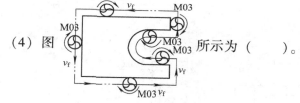 所示为（　　）。

　　A. 顺铣　　　　　　B. 逆铣　　　　　　C. 端铣　　　　　　D. 面铣

（5）图 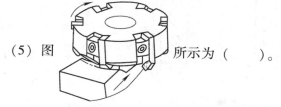 所示为（　　）。

　　A. 顺铣　　　　　　B. 逆铣　　　　　　C. 端铣　　　　　　D. 周铣

（6）（　　）是切屑流过的面。

　　A. 主后刀面　　　　B. 副后刀面　　　　C. 基面　　　　　　D. 前刀面

（7）常用的铣刀有（　　）。

　　A. 立铣刀　　　　　B. 面铣刀　　　　　C. 球头铣刀　　　　D. 键槽铣刀

2. 简答题

（1）阐述顺铣、逆铣的区别及各自的应用场合。

（2）如何根据加工对象选择合适的铣刀？

（3）高速工具钢和硬质合金两种材料的铣刀有何不同？

（4）数控铣床上工件的装夹方式有哪些？

项目 11　数控铣削平面及开口槽类零件

- 会快速定位编程。
- 会直线插补编程。
- 能够用面铣刀铣削平面。
- 能够用立铣刀铣削开口成形槽。

任务导入

1. 零件图样

平面模如图 11-1 所示。

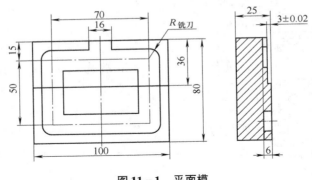

图 11-1　平面模

2. 任务要求

在 100mm×80mm×25mm 的锻铝毛坯上编制图 11-1 所示平面模加工程序并进行仿真加工。

知识准备

11.1　工件坐标系指令 G54～G59

11.1.1　工件坐标系与工件零点

工件坐标系又称编程坐标系，是编程和加工时用来定义刀具相对工件运动的坐标系。编程时，首先要建立工件坐标系，其目的是：①确定工件安装在机床的位置；②便于编程时计算坐标尺寸。工件坐标系实际上是机床坐标系的同方向平移，平移的过程和结果称为零点偏置，平移的距离和方向称为零点偏置值。此值在实际操作时通过对刀获得，并通过机床面板输入到零点偏置存储器 G54 ~ G59 中保存，断电后不会丢失，编程时用工件坐标系 G54 ~ G59 中某个相应的 G 代码调用即可。工件坐标系的原点也称编程原点或工件零点，在零件图上标记。编程中用到的坐标尺寸，均是指工件坐标系中的坐标尺寸。这样，编程人员在不知道机床具体机构的情况下，就可以依据零件图样确定机床的加工过程，而机床将工件坐标尺寸与零点偏置值的代数和作为运动目标位置。

11.1.2　工件坐标系的建立

编程时必须首先确定工件零点，工件零点通常设定在工件或夹具的合适位置上，便于对刀测量、坐标计算，并且若能与定位基准重合则可以减少装夹误差。

工件零点偏置值由对刀测得，如图 11 - 2 所示，设工件零点在工件顶面中心 O_1，工件零点偏置值设定在 G54 中，对刀测得工件零点 O_1 的偏置值 $x = -400$，$y = -200$，$z = -300$（机床坐标系原点在 O 点）。将这些数据通过机床操作面板输入到工件零点偏置存储器 G54 中，编程时用 G54 指令调用这组数据，便建立了工件坐标系 G54。

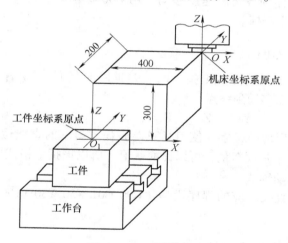

图 11 - 2　工件坐标系

11.1.3　设定工件坐标系指令

G54 ~ G59 可用于设定工件坐标系，可以同时设定最多六个互不影响的工件坐标系。G54 ~ G59 相当于存储零点偏置值存储器的代码，在程序中用它们来调用相应的工件零点偏置值。它们是同组模态 G 代码。

11.2　绝对坐标编程与相对坐标编程

G90/G91 规定坐标尺寸编写格式，它们是同组 G 代码。G90 指定绝对坐标编程，即编程坐标尺寸是依据工件原点位置而设定的。G91 指定增量（相对）坐标编程，即编程坐标是终点坐标减去起点坐标，差值为正时表示刀具运动方向与坐标轴正方向相同，为负时表示刀具运动方向与坐标轴负方向相同。

如图 11 - 3 所示，用绝对坐标表示时，则有 A（30，20），B（10，12）；用相对坐标表示时，则有 $B(-20, -8)$。

需要说明的是，由于程序开始运行前刀具位置不确定，所以第一条加工程序段应该用 G90 编程，而不用 G91 编程。

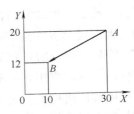

图 11-3　绝对/增量坐标

11.3　快速定位指令 G00

快速定位 G00 指令刀具以机床参数设定的快速移动速度从起点运动到终点。

指令格式：G00　X __ 　Y __ 　Z __ ；

X、Y、Z、是线段终点 B 的坐标，线段起点 A 的坐标是上一程序段的终点坐标。刀具从起点运动到终点的同一程序段有两种路径，如图 11-4 所示直线路径 AB 或折线路径 ACB。具体是哪一种路径由机床参数设定，建议选用直线路径，以防意外撞刀。

G00 指令的移动速度最快（由机床参数设定），一般不允许在移动过程中切削工件，进给功能 F 无须指定且指定无效，一般情况下是按三个坐标轴各自的速度移动。用 G00 移动刀具接近工件时要防止发生碰撞。

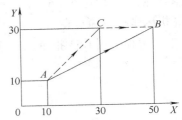

图 11-4　G00 的两种路径

11.4　直线插补指令 G01

G01 为直线插补指令，执行 G01 指令时，刀具以 F 代码指令的速度沿直线从起点移动到终点。

指令格式：G01　X __ 　Y __ 　Z __ 　F __ ；

G01 为模态指令，后加坐标字，使刀具只能做任意斜率的直线运动。X、Y、Z 表示终点坐标。进给速度 F 由于是模态量，可以提前赋值，所以该指令格式中不一定要指定 F 值。坐标轴数决定了机床联动轴数。

图 11-4 所示 AB 直线对应的程序段是 “G90 G01 X50 Y30 F100；” 或 “G91 G01 X40 Y20 F100；”。

11.5　英制与米制转换指令 G20、G21

英制与米制决定了长度的单位是英寸（in）还是毫米（mm），前者表示英寸，后者表示毫米。G20、G21 是同组模态 G 代码，建议将 G21 设成初始 G 代码。

任务实施

完成图 11-1 所示的平面模的数控铣削程序设计。

1. 确定加工方案

下台阶平面、台阶侧面用 ϕ60mm 的直角面铣刀粗、精加工一次，精加工余量为 0.3mm；槽用 ϕ16mm 的高速钢直柄普通立铣刀一次加工完成；先加工面，后加工槽。两把刀，各编一个程序。

2. 刀具路径

1）下台阶面加工刀具路径如图 11-5 所示，工件坐标系原点建立在毛坯顶面中心，用

G54 指令。点 5 下刀，粗加工下刀至 Z－2.7（留 0.3mm 精加工余量），平面路径为点 5→点 6，精加工时在点 6 下刀至 Z－3（实测调整），平面路径为点 6→点 7→点 8→点 8 抬刀（Z150）。

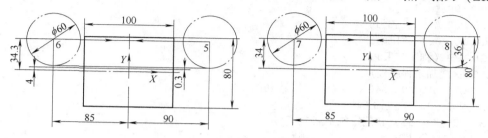

图 11－5　下台阶面加工刀具路径

为安全起见，下刀时一般不要采用三轴联动方式，应先在 XY 平面内定位，再沿 Z 方向移动接近工件下刀。

2）槽加工刀具路径如图 11－6 所示，工件坐标系原点还是建立在毛坯顶面中心，用 G55 指令。点 1 下刀，高度坐标至 Z－6，平面路径为点 1→点 2→点 3→点 4→点 5→点 6→点 2→点 1，点 1 抬刀至 Z150。$R_{铣刀}$ 由刀具半径自动形成。

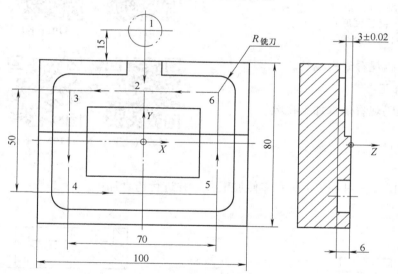

图 11－6　槽加工刀具路径

3. 编制程序

加工图 11－1 所示平面模的程序如下：

```
O1101;(下台阶面加工程序号)
N010 G54 G17 G90 G40 G49 G80 G21;(初始化)
N020 M03 S800;(主轴正转)
N030 G00 X90 Y34.3;(快速定位至点5)
N040 Z-2.7;(下刀)
N050 G01 X-85 F200;(直线插补至点6)
N060 Z-3;(下刀)
```

N070 M03 S1500;(提高转速)
N080 Y34 F100;(点 7)
N090 X90;(点 8)
N100 G00 Z150;(抬刀)
N110 X0 Y0;(返回原点)
N120 M30;(程序结束)
O1102;(槽加工程序号)
N010 G55 G17 G90 G40 G49 G80 G21;(初始化)
N020 M03 S800;(主轴正转)
N030 G00 X0 Y55;(快速定位至点1)
N040 Z-6;(下刀)
N050 G01 Y25 F100;(点2)
N060 X-35;(点3)
N070 G91 Y-50;(点4)
N080 X70;(点5)
N090 Y50;(点6)
N100 G90X0;(点2)
N110 Y55;(点1)
N120 G00 Z150;(抬刀)
N130 X0 Y0;(返回原点)
N140 M30;(程序结束)

请扫二维码观看编程视频。

1101（上）　　**1101（下）**

4. 仿真加工

请扫二维码观看仿真加工视频。

1102（上）　　**1102（下）**

能力训练

编制图 11-7、图 11-8 所示零件加工程序并进行仿真加工。

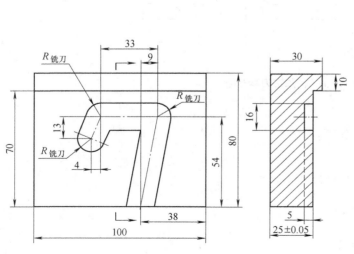

图 11-7　凹模

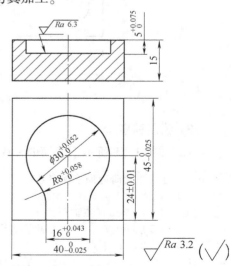

图 11-8　开口槽零件

自测题

1. 判断题

（1）M02 与 M30 功能完全一样，都表示程序结束。（　　）

（2）G00 指令与进给速度 F 无关。（　　）

（3）程序段"N003　G01　X-8　Y8"中由于没有 F 指令，因此是错误的。（　　）

（4）"G90　G01　X5"与"G91　G01　U5"等效。（　　）

（5）G00 指令是不能用于进给加工的。（　　）

（6）G00、G01 指令都能使机床坐标轴准确到位，因此它们都是插补指令。（　　）

（7）编制数控加工程序时一般以机床坐标系作为编程的坐标系。（　　）

（8）FANUC 0i 数控铣床编程有绝对坐标编程和相对坐标编程两种方式，使用时不能将它们放在同一程序段中。（　　）

（9）利用 G92 指令定义的工件坐标系，在机床重开时仍然存在。（　　）

（10）执行 M30 指令时，机床所有运动都将停止。（　　）

2. 单项选择题

（1）用数控铣床加工较大平面时，应选择（　　）。

　　A. 立铣刀　　　　　　B. 面铣刀　　　　　　C. 圆锥形立铣刀　　　　D. 鼓形铣刀

（2）数控机床上，在不考虑进给丝杠间隙的情况下，为提高加工质量，宜采用（　　）。

　　A. 外轮廓顺铣，内轮廓逆铣　　　　　　B. 外轮廓逆铣，内轮廓顺铣

　　C. 内、外轮廓均为逆铣　　　　　　　　D. 内、外轮廓均为顺铣

（3）机床坐标系原点也称为（　　）。

　　A. 工件零点　　　　B. 编程零点　　　　C. 机械零点　　　　　D. 刀具零点

（4）在 G00 程序段中，（　　）值将不起作用。

　　A. X　　　　　　　　B. S　　　　　　　　C. F　　　　　　　　D. T

（5）数控编程中，不能任意移动的坐标系为（　　）。

　　A. 机床坐标系　　　B. 工件坐标系　　　C. 相对坐标系　　　　D. 绝对坐标系

（6）加工工件的程序中，G00 代替 G01，数控铣床会（　　）。

　　A. 报警　　　　　　B. 停机　　　　　　C. 继续加工　　　　　D. 改正

（7）M02 代码的作用是（　　）。

　　A. 程序停止　　　　B. 计划停止　　　　C. 程序结束　　　　　D. 不指定

（8）在一行指令中，对 G 代码，M 代码的书写顺序的规定为（　　）。

　　A. 先 G 代码，后 M 代码　　　　　　B. 先 M 代码，后 G 代码

　　C. G 代码与 M 代码不许在同一行中　　D. 没有书写顺序要求

（9）数控铣床指令 S2000 中，S 的单位为（　　）。

　　A. r/min　　　　　　B. m/min　　　　　　C. rad/min　　　　　D. m/s

（10）加工程序段出现 G01 时，必须在本段或本段之前指定（　　）值。

　　A. R　　　　　　　　B. T　　　　　　　　C. F　　　　　　　　D. P

（11）下列（　　）指令是非模态的。

  A. G00   B. G01   C. G04   D. M03

（12）"G91 G00 X30.0 Y-20.0;"表示（　　）。

  A. 刀具按进给速度移至机床坐标系 $X = 30$mm，$Y = 20$mm 的点

  B. 刀具按进给速度移至机床坐标系 $X = 30$mm，$Y = -20$mm 的点

  C. 刀具快速向 X 轴正方向移动 30mm，向 Y 轴负方向移动 20mm

  D. 编程错误

（13）某直线控制数控机床加工的起始坐标为（0，0），接着分别是（0，5）、（5，5）、（5，0）、（0，0），则加工的零件形状是（　　）。

  A. 边长为 5mm 的平行四边形   B. 边长为 5mm 的正方形

  C. 边长为 10mm 的正方形   D. 边长为 10mm 的平行四边形

（14）下列关于 G54 与 G92 指令的说法中，不正确的是（　　）。

  A. G54 与 G92 都是用于设定工件加工坐标系的

  B. G92 是通过程序来设定加工坐标系的，G54 是通过 CRT/MDI 在设置参数方式下设定工件加工坐标系的

  C. G92 设定的加工坐标原点与当前刀具所在位置无关

  D. G54 设定的加工坐标原点与当前刀具所在位置无关

（15）执行程序段 "N10 G90 G01 X30 Z6；N20 Z15；"后，Z 方向实际移动量为（　　）。

  A. 9mm   B. 21mm   C. 15mm   D. 6mm

3. 简答题

（1）为什么要建立工件坐标系？

（2）工件坐标系与机床坐标系有何异同？

（3）比较 G00 与 G01 两指令。

项目 12　数控铣削平面凸台零件

学习目标

- 理解刀具半径补偿的含义。
- 学会刀具半径补偿指令 G41、G42、G40 的用法。
- 会用偏置法加工。
- 会数控铣削平面凸台。

任务导入

1. 零件图样

数控铣削平面凸台，零件图样如图 12 - 1 所示。

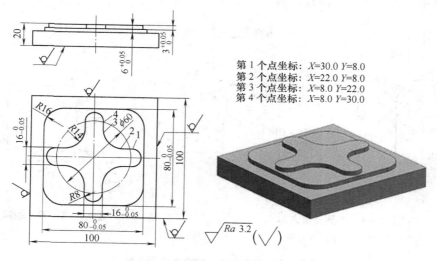

第 1 个点坐标：X=30.0 Y=8.0
第 2 个点坐标：X=22.0 Y=8.0
第 3 个点坐标：X=8.0 Y=22.0
第 4 个点坐标：X=8.0 Y=30.0

图 12 - 1　平面凸台

2. 任务要求

用 φ16mm 立铣刀，在 100mm × 100mm × 20mm 的 08F 低碳钢毛坯上仿真加工图 12 - 1 所示平面凸台，用偏置法编程并备份正确程序。

知识准备

12.1　刀具半径补偿

在数控铣床上进行轮廓的铣削加工时，由于刀具半径的存在，刀具中心（刀心）轨迹与工件轮廓不重合。如果数控系统不具备刀具半径自动补偿功能，则只能按刀心轨迹进行编程，即在编程时给出刀具的中心轨迹，如图 12 - 2 所示的虚线轨迹 B，其计算相当复杂。尤其当刀具磨损、重磨或换新刀而使刀具半径变化时，必须重新计算刀心轨迹，修改程序，这样既烦琐，又不易保证加工精度。

当数控系统具备刀具半径补偿功能时，数控编程只需按工件轮廓编程即可，如图 12 - 2 所示的实线轨迹 A。此时，数控系统会自动计算刀心轨迹，使刀具偏离工件轮廓一个半径值（补偿量，也称偏置量），即进行刀具半径补偿。

刀具半径补偿只能在一个给定的坐标平面 G17/G18/G19 中进行，一般可分为以下三步。

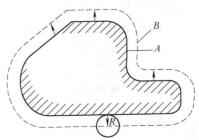

图 12 - 2　刀具半径补偿示意图

1. 刀补的建立

刀具由起刀点（位于零件轮廓及毛坯之外，距离加工零件轮廓切入点较近）接近工件，刀具半径补偿偏置方向由 G41/G42 指令确定。根据 ISO 标准，当刀具中心轨迹沿前进方向位于零件轮廓右边时称为刀具半径右补偿（右刀补）；反之称为刀具半径左补偿（左刀补），如图 12 - 3 和图 12 - 4 所示。指令格式见表 12 - 1。

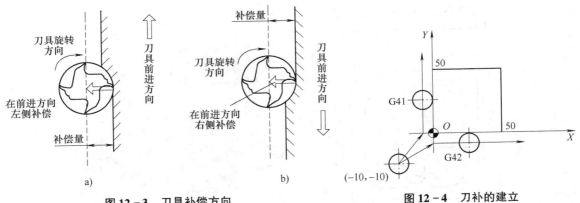

图 12 - 3　刀具补偿方向

a）左刀补　b）右刀补

图 12 - 4　刀补的建立

表 12 - 1　刀具半径补偿建立的指令格式

FANUC 系统指令格式	说　明
G17 G00/G01 G41/G42　D __　X __　Y __；	G41 指令左刀补 G42 指令右刀补 D 是刀具半径补偿存储器地址，后跟数字表示存储器的编号，具体补偿值通过 CRT/MDI 输入到相应的存储器 X、Y 是目标点坐标

在刀补建立程序段中，动作指令只能用 G00 或 G01，不能用 G02 或 G03。刀补建立过程

中，不能进行零件加工。

2. 刀补的进行

在刀具半径补偿进行状态下，G01、G00、G02、G03 指令都可使用。根据读入的相邻两段编程轨迹，数控系统判断转接处工件内侧所形成的角度，自动计算刀具中心的轨迹。

在刀补进行状态下，刀具中心轨迹与编程轨迹始终偏离一个刀具半径的距离，如图12-5所示。

3. 刀补的取消

当刀具撤离工件，回到退刀点后，要取消刀具半径补偿，如图 12-6 所示。与建立刀具半径补偿过程类似，退刀点也应位于零件轮廓之外。退刀点距离加工零件轮廓较近，可与起刀点相同，也可以不相同。

刀补撤销也只能用 G01 指令或 G00 指令，而不能用 G02 指令或 G03 指令。同样，在该过程中不能进行零件加工。

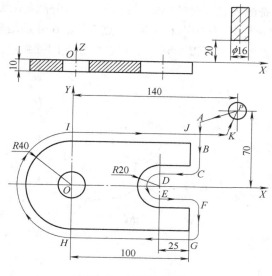

图 12-5　刀补的进行

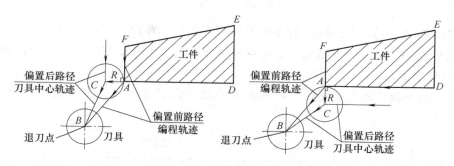

图 12-6　刀补的取消

12.2　切入/切出工艺路径

刀补建立后，通常要求刀具沿切入点、切出点的切线或延长线方向切入/切出工件轮廓，以最大限度地减小接刀痕迹。建立/取消刀补和切入/切出工件轮廓的程序段，实际上是编程人员所涉及的切入/切出工艺路径。如图 12-7a 所示，铣削外圆轮廓时，切线切入/切出路径是点 0→点 1→点 2→点 9→点 4→点 2→点 3→点 12，其中，点 0→点 1 建立刀补，点 3→点 12 取消刀补；圆弧过渡切入/切出路径是点 11→点 8→点 9→点 4→点 2→点 9→点 10→点 11，其中，点 11→点 8、点 10→点 11 分别建立、取消刀补；铣削内圆轮廓时，圆弧过渡切入/切出路径是点 6→点 5→点 4→点 2→点 9→点 4→点 7→点 6，点 6→点 5、点 7→点 6 分别是建立、取消刀补。如图 12-7b 所示，铣削外轮廓时，延长线切入/切出路径是点 12→点

13→点15→点9→点2→点4→点15→点14→点12，其中点12→点13、点14→点12分别是建立、取消刀补段；铣削外轮廓时的圆弧过渡切入/切出路径是点11→点8→点9→点2→点4→点15→点9→点10→点11，其中点11→点8、点10→点11分别是建立、取消刀补段；铣削内轮廓时的圆弧过渡切入/切出路径是点6→点5→点4→点15→点9→点2→点4→点7→点6，其中点6→点5、点7→点6分别是建立、取消刀补段。刀补的起点与取消刀补的终点重合时可以少算一个基点坐标，用圆弧过渡可以简化基点坐标计算。

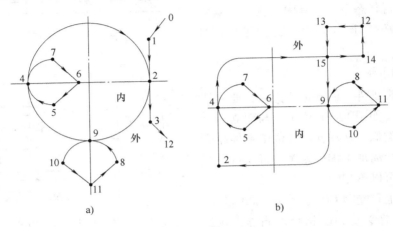

图 12-7　切入/切出工艺路径

a) 圆轮廓　b) 非圆轮廓

【促成任务 12-1】用 $\phi16$mm 的立铣刀数控仿真铣削图 12-5 所示零件的外轮廓。已知毛坯尺寸 150mm×100mm×10mm，A、K 点坐标分别是 A（100，60）、K（110，40）。要求用刀具半径补偿编程。

【解】工件坐标系原点建立在工件顶面 O 点处，在 P 点下刀，刀具路径如图 12-5 所示，加工程序见表 12-2。

表 12-2　促成任务 12-1 加工程序

程序段号	FANUC 系统中的程序	备　注
	O1201；	程序号
N010	G54 G90 G17 G40 G49 G80；	初始化
N020	M03 S1500；	主轴正转
N030	G00 X140 Y70；	定位至 P 点上方
N040	Z-13；	P 点下刀，深度为 13mm
N050	G41D01 X100 Y60；	建立刀补至 A 点
N060	G01 X100 Y20 F100；	C 点
N070	X75 Y20；	D 点
N080	G03 X75 Y-20 R-20；	E 点
N090	G01 X100 Y-20；	F 点

（续）

程序段号	FANUC 系统中的程序	备　注
N100	Y-40;	G 点
N110	X0;	H 点
N120	G02 X0 Y40 R-40;	I 点
N130	G01 X110;	K 点
N140	G00 G40 X140 Y70	P 点
N150	Z100;	抬刀
N160	X0 Y0;	回工件坐标系原点
N170	M30;	程序结束

12.3　偏置法编程

偏置法编程是指利用刀具半径补偿原理，通过改变刀具半径补偿值来放大或缩小工件轮廓而编程轨迹不变的一种编程方法，常用于切除毛坯，粗、精轮廓加工等。

1. 切除毛坯

如图 12-8 所示，编程轨迹不变，偏置的距离作为刀具半径补偿值，每改变一次刀具半径补偿值，自动运行加工一次工件，毛坯就缩小相应的宽度，大大简化了编程工作量。

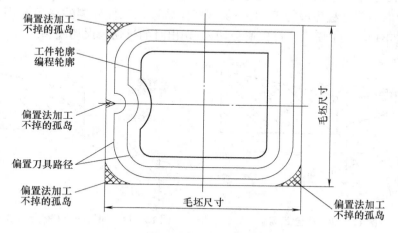

图 12-8　偏置路径

如图 12-8 所示偏置路径，由于受内圆弧的大小限制，轮廓偏置到一定程度后就不能再偏了。另外，因为毗邻轮廓的距离有限，也不能随心所欲地任意偏置，剩余一点残留量可以手动切除。

用偏置法去除多余毛坯时，偏置值的增量应小于刀具直径，让刀具充分覆盖加工面，不致在两行距间因刀具端刃倒角等留有残余毛坯，如图 12-9 所示。

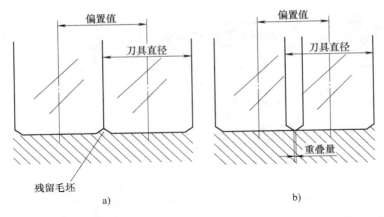

图 12 - 9　偏置值

a) 太大　b) 合适

在这里，不要把刀补值与偏置值混淆。刀补值是刀具中心离开编程轨迹的距离，而偏置值是增量值。用偏置法加工时，记住以下 11 条，可以避免许多问题。

1）辨清 G41、G42 的方向，否则会误切工件。

2）G40 ~ G42 只能与 G00 或 G01 连用，不能与 G02 或 G03 连用，否则会发生程序错误报警。

3）用 G00 与 G41/G42 连用来建立刀补时，应在刀具与工件毛坯间留有足够的安全距离 Δ，如图 12 - 10 所示，以防止刀具与毛坯发生碰撞。

4）建立/取消刀补程序段与下/上一条程序段轨迹在工件外侧的夹角 α 满足条件 $90° \leqslant \alpha < 180°$ 时，如图 12 - 11 所示，可以避免切入/切出时的过切、误切问题。

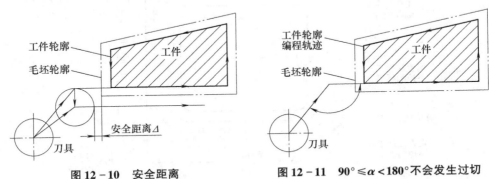

图 12 - 10　安全距离　　　　**图 12 - 11　$90° \leqslant \alpha < 180°$ 不会发生过切**

5）用工艺路径切入/切出工件轮廓时，不要直接在工件轮廓上建立和取消刀补，以防止误切工件。

6）刀具半径应小于或等于内圆弧半径，以防止多切。

7）刀具半径补偿值应小于或等于内圆弧半径，否则发生程序错误报警。

8）刀补建立后，不能在原编程轨迹上来回移动，如图 12 - 12 所示，否则会发生程序错误报警。

起点/终点 ←————————————→ 起点/终点

图 12-12 若来回移动程序会报警

9）刀补建立后，最好不要连续两段没有插补平面内坐标移动，包括调用子程序，以防止程序错误报警。

10）刀补的建立和取消最好走斜线，且距离大于半径补偿值，让刀补建立和取消充分完成，以防止误切工件。

11）刀具半径补偿值由几何值和磨损值两部分组成，如图 12-13 所示，由同一 D 代码调用，求两者代数和之后综合补偿。要注意防止数据存储位置出错。

图 12-13 刀具半径补偿值的组成

2. 粗、精加工

刀具半径补偿存储器中存放的刀具半径补偿值是刀具中心偏离编程轨迹的距离，不一定是实际刀具半径，因此，可以将补偿值与实际刀具半径之差作为粗、精加工余量。图 12-14 所示为用偏置法粗、精加工时加工余量的确定方法，由图可知

$$刀具半径补偿值 D_0 = 实际刀具半径 r + 加工余量 \Delta$$

在刀具实际半径不变的情况下，精加工余量 $\Delta_精$ 是由粗加工时的刀具半径补偿值 $D_{0粗}$ 给定的，而精加工时的刀具半径补偿值 $D_{0精}$ 通过实测粗加工工件尺寸后计算得到。

任务实施

完成图 12-1 所示的平面凸台数控铣削的程序编制和仿真加工。

1. 工艺分析与工艺设计

（1）图样分析 如图 12-1 所示，凸台零件的长

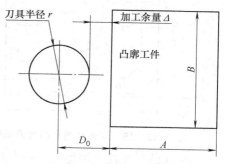

图 12-14 用偏置法粗、精加工时加工余量的确定方法

和宽的尺寸精度为 0.05mm，高度的尺寸精度为 0.05mm，表面粗糙度值为 $Ra3.2\mu m$，精度较高，分粗、精加工完成。精加工时通过刀具半径补偿设置加工余量，凸台周边多余材料用偏置法切除，最后残留材料手动切除。

（2）加工工艺路线设计 铣刀从足够高的空间位置开始在 XY 平面内快速定位至程序起点 1 上方，从点 1 下刀至要求高度。

XY 平面上用偏置法加工的刀具路径如图 12-15 和图 12-16 所示。图 12-15 所示为四边形圆角凸台刀具路径，点 1→点 2，用"G00 G42"快速建立右刀补，要求两点间有足够

的距离（大于刀具半径），使刀补建立充分完成；建立刀补后，刀具按点 2→点 3→点 4→点 5→点 6→点 7→点 8→点 9→点 10→点 11→点 12，绕工件轮廓走一周，其中点 11→点 12 取消刀具半径补偿。图 12-16 所示为十字形凸台外轮廓刀具路径，R10mm 是工艺设计路径，使刀具切向切入/切出工件轮廓，以减轻加工表面的接刀痕，保证零件轮廓光滑。点 1→点 2，用"G01 G42"建立右刀补，点 3 是切入/切出共用点，切入后绕工件轮廓走一周，到点 3 后以圆弧方式切离工件，依然采用 R10mm 的半圆路径，以简化基点坐标计算，点 20→点 21 取消刀具半径补偿。XY 平面上的完整路径是点 1→点 2→点 3→点 4→点 5→点 6→点 7→点 8→点 9→点 10→点 11→点 12→点 13→点 14→点 15→点 16→点 17→点 18→点 19→点 20→点 21。

　　粗、精加工均采用 ϕ16mm 的立铣刀。粗加工工件轮廓时，刀补量取 8.3mm，根据加工余量再适当增大刀补量，但两次之间的增量应小于刀具的直径。精加工时，刀补量取 8mm，即切除 0.3mm 的余量。由于十字形凸台轮廓有半径为 R14mm 的内圆弧，所以刀补量不能超过 14mm，残留材料通过手动切除。Z 向粗加工时，留 0.3mm 的余量，可以直接在编程指令中体现。

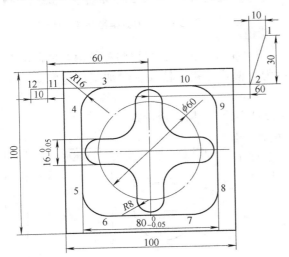

图 12-15　四边形圆角凸台刀具路径

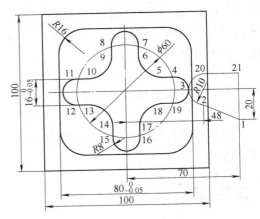

图 12-16　十字形凸台外轮廓刀具路径

平面凸台数控铣削加工工序卡片见表 12-3。

（3）刀具选择　选用 ϕ16mm 圆柱立铣刀。

表 12-3　平面凸台数控铣削加工工序卡片

产品名称	零件名称	工序名称	工序号	程序编号	毛坯材料	使用设备	夹具名称
	平面凸台	数控铣	10	O1202；O1203	08F 低碳钢	数控铣床	平口钳
工步号	工步内容	刀具			主轴转速/（r/min）	进给速度/（mm/min）	切削深度/mm
		类型	材料	规格			
1	粗铣矩形圆角轮廓	圆柱立铣刀	高速钢	ϕ16mm	800	200	5.7

（续）

产品名称	零件名称	工序名称	工序号	程序编号	毛坯材料	使用设备	夹具名称
	平面凸台	数控铣	10	O1202；O1203	08F 低碳钢	数控铣床	平口钳
工步号	工步内容	刀具			主轴转速/	进给速度/	切削深度/
		类型	材料	规格	（r/min）	（mm/min）	mm
2	精铣矩形圆角轮廓	圆柱立铣刀	高速钢	φ16mm	1200	100	6
3	粗铣十字形圆角轮廓	圆柱立铣刀	高速钢	φ16mm	800	200	2.7
4	精铣十字形圆角轮廓	圆柱立铣刀	高速钢	φ16mm	1200	100	3

2. 程序编制

1）四边形圆角凸台外轮廓加工程序命名为 O1202。

2）十字形槽轮廓加工程序命名为 O1203。

数控铣削四边形圆角凸台外轮廓程序如下：

O1202；（程序号）

N010 G54 G17 G90 G40 G49 G80；（初始化）

N020 M03 S800；（主轴正转，精铣时改为 S1200）

N030 G00 X70 Y70；（快速定位至起刀点 1 上方）

N040 Z-5.7；（下刀，精铣时改为 Z-6）

N050 G42 D01 X60 Y40；（建立刀补至切入点 2，粗铣时 D01 存 8.3，精铣时改为 8，通过增大 D01 值来切除毛坯材料）

N060 G01 X-24 F200；（直线插补至点 3，精铣时改为 F100）

N070 G91 G03 X-16 Y-16 R16；（圆弧插补至点 4）

N080 G01 Y-48；（直线插补至点 5）

N090 G03 X16 Y-16 R16；（圆弧插补至点 6）

N100 G01 X48；（直线插补至点 7）

N110 G03 X16 Y16 R16；（圆弧插补至点 8）

N120 G01 Y48；（直线插补至点 9）

N130 G03 X-16 Y16 R16；（圆弧插补至点 10）

N140 G90 G01 X-60；（直线插补至点 11）

N150 G40 G00 X-70；（取消刀补至点 12）

N160 Z100；（抬刀）

N170 X0Y0；（回工件坐标系原点）

N180 M30；（程序结束）

铣削十字形槽轮廓程序如下：

O1203；（程序号）

N010 G54 G17 G90 G40 G49 G80；（初始化）

N020 M03 S800;(主轴正转,精铣时改为 S1200)

N030 G00 X70 Y-20;(快速定位至起刀点 1 上方)

N040 Z-2.7;(下刀,精铣时改为 Z-3)

N050 G42 G01 D01 X48 Y-10 F200;(建立刀补到切入点 2,粗铣时 D01 存 8.3,精铣时改为 8,通过增大 D01 值来切除毛坯材料,精铣时改为 F100)

N060 G02 X38 Y0 R10;(圆弧切入至点 3)

N070 G03 X30 Y8 R8;(圆弧插补至点 4)

N080 G01 X22;(直线插补至点 5)

N090 G02 X8 Y22 R14;(圆弧插补至点 6)

N100 G01 Y30;(直线插补至点 7)

N110 G03 X-8 R-8;(圆弧插补至点 8)

N120 G01 Y22;(直线插补至点 9)

N130 G02 X-22 Y8 R14;(圆弧插补至点 10)

N140 G01 X-30;(直线插补至点 11)

N150 G03 Y-8 R-8;(圆弧插补至点 12)

N160 G01 X-22;(直线插补至点 13)

N170 G02 X-8 Y-22 R14;(圆弧插补至点 14)

N180 G01 Y-30;(直线插补至点 15)

N190 G03 X8 R-8;(圆弧插补至点 16)

N200 G01 Y-22;(直线插补至点 17)

N210 G02 X22 Y-8 R14;(圆弧插补至点 18)

N220 G01 X30;(直线插补至点 19)

N230 G03 X38 Y0 R8;(圆弧插补至点 3)

N240 G02 X48 Y10 R10;(圆弧切出至点 20)

N250 G40 G00 X70 Y10;(取消刀补至点 21)

N260 Z100;(抬刀)

N270 X0 Y0;(回工件坐标系原点)

N280 M30;(程序结束)

1201(上)　　1201(下)

请扫二维码观看编程视频。

3. 仿真加工

请扫二维码观看仿真加工视频。

1202

能力训练

1. 铣削图 12-17 所示模块零件,用偏置法编程并联合手工铣。

(1) 备料　尺寸 100mm×100mm×25mm,08F 低碳钢。

(2) 刀具　φ16mm 立铣刀。

(3) 量具　游标卡尺 0~125mm,分度值为 0.02mm。

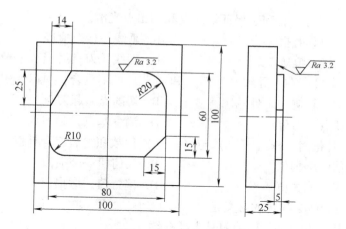

图 12 - 17 模块零件

2. 铣削图 12 - 18 所示酒杯，用偏置法编程并联合手工铣。

（1）备料 尺寸 100mm × 80mm × 30mm，08F 低碳钢。

（2）刀具 φ16mm 立铣刀。

（3）量具 游标卡尺 0 ~ 125mm，分度值为 0.02mm。

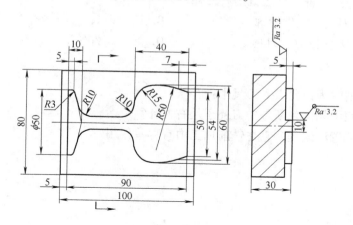

图 12 - 18 酒杯

自测题

1. 选择题

（1）刀具半径补偿值应（ ）内圆弧半径。

　　A. ⩾　　　　　　B. ⩽　　　　　　C. <　　　　　　D. >

（2）用半径为 *R* 的同一把立铣刀数控粗铣工件外轮廓时，双边留精加工余量 Δ，粗加工时的刀具半径补偿量等于（ ）。

　　A. *R* - Δ　　　B. *R* + Δ　　　C. *R* - Δ/2　　　D. *R* + Δ/2

（3）刀具切入/切出工件轮廓时，应沿切入/切出点的（ ）方向进行，能最大限度地减小（　　），有利于保证切入点和切出点光滑。

  A. 垂线　刀具磨损　　　　　　　B. 垂线　接刀痕迹

  C. 切线　接刀痕迹　　　　　　　D. 切线　刀具磨损

（4）因为刀具半径存在，导致（　　）和（　　）不重合，所以要引入刀具半径补偿。

  A. 刀具中心轨迹　工件轮廓　　　B. 切削点　起刀点

  C. 测量基点　刀位点　　　　　　D. 测量基点　起刀点

（5）刀具半径补偿时，求（　　）与（　　）代数和之后综合补偿。

  A. 测量值　磨损值　　　　　　　B. 几何值　磨损值

  C. 几何值　偏置值　　　　　　　D. 偏置值　磨损值

（6）G40、G41、G42 各自的含义是（　　）、（　　）、（　　）。

  A. 左刀补　右刀补　取消刀具半径补偿

  B. 左刀补　取消刀具半径补偿　右刀补

  C. 取消刀具半径补偿　右刀补　左刀补

  D. 取消刀具半径补偿　左刀补　右刀补

（7）G41、G42 的判断准则是：（　　）着刀具切削方向看过去，（　　）在（　　）左边就叫左刀补，反之就是右刀补。

  A. 顺　刀具　工件轮廓　　　　　B. 逆　刀具　工件轮廓

  C. 顺　工件轮廓　刀具　　　　　D. 逆　工件轮廓　刀具

2. 简答题

（1）数控铣削时为何要引入刀具半径补偿？

（2）编程应用中如何判断是左刀补还是右刀补？

（3）什么是偏置法编程？它在铣削加工中有哪些作用？

项目 13   数控铣削型腔零件

学习目标

- 掌握型腔铣削的下刀方法。
- 会为型腔铣削选用合适的刀具。
- 会选择型腔铣削用量。
- 会计算平均尺寸。
- 会编制型腔铣削加工程序。

任务导入

1. 零件图样

凹模型腔零件图样如图 13 – 1a 所示，其立体图如图 13 – 1b 所示。

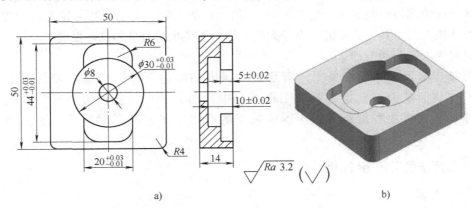

图 13 – 1 凹模型腔
a) 零件图   b) 立体图

2. 任务要求

用 φ10mm 的高速钢普通立铣刀，在 50mm × 50mm × 14mm 的 45 钢毛坯上粗、精数控铣削和仿真加工图 13 – 1 所示零件，孔和零件外轮廓已经加工完毕。

知识准备

13.1   型腔铣削工艺

13.1.1   型腔铣削方法

型腔的加工分粗、精加工。先通过粗加工切除内部大部分材料，但由于粗加工不可能都在顺铣模式下完成，也不可能保证所有地方留作精加工的余量完全均匀，所以在精加工之前通常要进行半精加工。

对于较浅的型腔，可用键槽铣刀插削到底面深处，先铣型腔的中间部分，然后再利用刀具半径补偿对垂直侧壁轮廓进行精铣。

对于较深的内部型腔，宜在深度方向分层切削，常用的方法是预先钻一个一定深度的孔，然后再使用比孔尺寸小的平底立铣刀从 Z 向进入预定深度，随后进行侧面铣削加工，将轮廓扩大到所需的尺寸、形状。

型腔铣削时有两个重要的工艺要考虑：

① 刀具切入工件的方法。

② 粗、精加工的刀路设计。

13.1.2 刀具选用

适合于型腔铣削的刀具有平底立铣刀、键槽铣刀。型腔的斜面、曲面区域要用球头铣刀加工。

型腔铣削时，立铣刀在封闭界内进行加工。立铣刀的加工方法受到型腔内部结构特点的限制。

用立铣刀对内轮廓进行精铣时，刀具半径一定要小于零件内轮廓的最小曲率半径，刀具半径一般取内轮廓最小曲率半径的 0.8~0.9 倍。粗加工时，在不干涉内轮廓的前提下，尽量选用直径较大的刀具，这是因为直径大的刀具比直径小的刀具的抗弯强度大，加工过程中不容易引起受力弯曲和振动。

在刀具切削刃（螺旋槽长度）满足最大深度的前提下，尽量缩短刀具从主轴伸出的长度和立铣刀从刀柄夹持工具的工作部分中伸出的长度。立铣刀的长度越长，抗弯强度越小，受力弯曲程度越大，会影响加工的质量，并容易产生振动，加速切削刃的磨损。

13.1.3 型腔铣削工艺路线设计

1. 下刀方法

与外轮廓加工不同，型腔铣削时，要考虑如何 Z 向切入工件实体的问题。通常刀具从 Z 向切入工件实体有如下几种方法：

1）使用键槽铣刀沿 Z 轴垂直向下进给切入工件。

2）先预钻一个孔，再用直径比孔径小的铣刀切削。

3）斜向进给及螺旋进给。

斜向进给及螺旋进给都是靠铣刀的侧刃逐渐向下铣削而实现向下进给的，所以这两种进给方式可以用于端部切削较弱的面铣刀（如可转位硬质合金铣刀）的向下进给。同时斜向进给或螺旋进给可以改善进给时的切削状态，保持较高的速度和较小的切削负荷。

斜向切入的同时，使用 Z 轴和 X 轴或 Y 轴进给。斜角角度随着立铣刀直径的不同而不同，如 $\phi25\text{mm}$ 刀具的常见斜角为 $25°$，$\phi50\text{mm}$ 刀具的斜角为 $8°$，$\phi100\text{mm}$ 刀具的斜角为 $3°$。

这种切入方法适用于平底铣刀和球头铣刀。小于 $\phi20mm$ 的刀具要使用较小的角度，一般为 $3° \sim 10°$。

2. 圆腔挖腔

圆腔挖腔一般从圆心开始，根据所用刀具，也可先预钻一孔，以备进给。挖腔加工多用立铣刀或键槽铣刀。

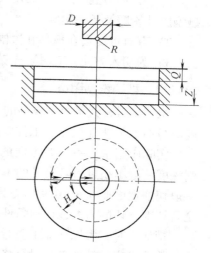

如图 13 - 2 所示，挖圆腔时，刀具快速定位到 R 点，从 R 点转入切削开始，先铣一层，切削深度为 Q，在一层中刀具按宽度（行距）H 进给，按圆弧进给，H 值的选取应小于刀具直径，以免留下残留，实际加工中可根据情况选取。依次进给，直至孔的尺寸。加工完一层后，刀具快速回到孔的中心，再轴向进给（层距），加工下一层，直至到达孔底尺寸 Z。最后，快速退刀，离开孔腔。

图 13 - 2 挖圆腔

3. 方腔挖腔

方腔挖腔与圆腔挖腔相似，但进给路径可有以下几种，如图 13 - 3 所示。

图 13 - 3a 所示的进给路线是从角边起刀，按 "Z" 字形排刀。这种进给方法编制简单，但行间在两端有残留。

图 13 - 3b 所示的进给路线是从中心起刀，或长边从（长 - 宽）/2 处起刀，按逐圈扩大的路线进给。因每圈需要变换终点位置尺寸，编程复杂，但腔中无残留。

图 13 - 3c 所示的进给路线是结合图 13 - 3a、图 13 - 3b 所示两种方法的优点，先以 "Z" 字形起刀，最后沿方腔周边走一刀，切去残留。

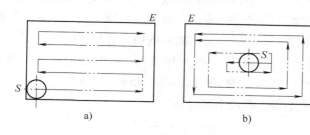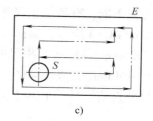

a)　　　　　　　　　　b)　　　　　　　　　　c)

图 13 - 3 挖方腔

a）从角边起刀　b）从中心起刀　c）先以 "Z" 字形起刀，最后沿方腔周边走一刀

编程时，刀具先快速定位在 S 点，纵向快速定位在 R 点，再切削进给至第一层切削深度。按上述三种方式选一种，切去一层后，刀具回到出发点，再纵向进给，切除第二层，直到腔底；切完后，刀具快速离开方腔。以上动作可参阅圆腔挖腔正向视图。

同样，有的系统已将上述加工过程作为宏指令，在编程时只需指定相应参量，即可将方腔挖出。

4. 带岛挖腔

内部全部加工的为简单型腔，内部留有不加工的区域（岛）为带岛型腔。带岛型腔的挖腔。不但要照顾到轮廓，还要保证孤岛。为简化编程，编程时可先将腔的外形按内轮廓进行加工，再将孤岛按外轮廓进行近似取值，以简化编程。过程中应注意如下问题：

1）刀具要足够小，尤其用改变刀具半径补偿的方法进行粗、精加工时，应保证刀具不碰型腔外轮廓及孤岛轮廓。

2）有时可能会在孤岛和边槽或两个孤岛之间发现残留，可用手动方法除去。

3）为切入方便，有时要先钻出切入孔。

13.1.4 型腔铣削用量

粗加工时，为了得到较高的切削效率，应选择较大的切削用量，但刀具的切削深度与宽度应与加工条件（机床、工件、夹具、刀具）相适应。

实际应用中，一般 Z 方向的切削深度不超过刀具的半径；对于直径较小的立铣刀，切削深度一般不超过刀具直径的 1/3。切削宽度与刀具直径大小成正比，与切削深度成反比，一般切削宽度取 0.6 ~ 0.9 倍刀具直径。值得注意的是：型腔粗加工开始的第一刀，刀具为全宽切削，切削力大，切削条件差，因此应适当减小进给量和切削速度。

精加工时，为保证加工质量，避免工艺系统受力变形和减小振动，精加工切削深度应小，数控机床的精加工余量可略小于普通车床，一般在深度、宽度方向留 0.2 ~ 0.5mm 精加工余量。精加工时，进给量的大小主要受表面粗糙度要求限制，切削速度的大小主要取决于刀具的使用寿命。

13.2 平均尺寸计算

光滑轮廓常用同一把铣刀、相同的刀具半径补偿值连续加工，如果轮廓上某些部位的尺寸误差方向不同，有的是正偏差，有的是负偏差，有的尽管方向相同，但公差带位置和宽度不同，如图 13 - 4 所示，编程尺寸则需具体分析，而不能一概用公称尺寸编程。如图 13 - 4a 所示，用 20mm、45mm 公称尺寸编程，只要检测、控制精度高的尺寸 20mm 加工合格，精度低的尺寸 45mm 就应该合格。图 13 - 4b 中，如果用 20mm、45mm 公称尺寸编程，控制其中一个尺寸合格，另一个尺寸从理论上讲，永远不会合格。

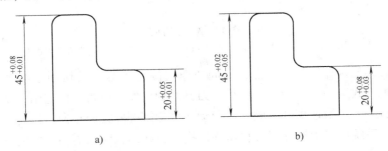

图 13 - 4 编程尺寸判定

a）用公称尺寸编程   b）用平均尺寸编程

这就要解决尺寸误差方向问题，重新确定编程尺寸，具体步骤如下：

1）对于高精度尺寸，将公称尺寸换算成平均尺寸。

2）保持原重要的几何关系，如角度、相切等不变，通过修改低精度尺寸使之协调。

3）按调整后的尺寸计算有关未知基点的坐标。

关于平均尺寸的计算，根据"变换后的极限尺寸（最大或最小）＝变换前的极限尺寸（最大或最小）"解一元一次方程即可。

【促成任务 13–1】 计算 $45^{+0.08}_{+0.01}$ mm 的平均尺寸 M。

【解】 设 ΔM 为变换后的公差，由此可知 $\Delta M = \pm(0.08\text{mm} - 0.01\text{mm})/2 = \pm0.035\text{mm}$。

设 M' 为变换后的公称尺寸，根据"变换后的极限尺寸（最大或最小）＝变换前的极限尺寸（最大或最小）"列方程

$$M' + 0.035\text{mm} = 45\text{mm} + 0.08\text{mm}$$

或

$$M' - 0.035\text{mm} = 45\text{mm} + 0.01\text{mm}$$

得

$$M' = 45.045\text{mm}$$

$$M = (45.045 \pm 0.035)\text{mm}$$

对于尺寸公差大小、偏差位置不同的零件，如用同一把铣刀、同一个刀具半径补偿值编程加工，很难保证各处尺寸均在公差范围之内。经误差分配后，改变了轮廓尺寸并移动了公差带，用平均尺寸编程就能解决问题。

任务实施

1. 工艺分析与工艺设计

（1）工艺分析　图 13–1 所示零件的主要尺寸公差都要求在 0.04mm 之内，表面粗糙度值为 $Ra3.2\mu\text{m}$，需采用粗、精加工。选择合适的下刀点及刀具半径补偿距离是加工的关键。

型腔内没有凸起的外轮廓，所以除需要进行平面内轮廓铣削以外，还要去除型腔内残余部分材料。

（2）加工工艺路线设计　工件原点建立在零件上表面中心，先用钻头分别在图 13–5 所示点 1 和点 6 位置预钻下刀孔，再用立铣刀粗铣 U 形、圆形型腔，最后精铣 U 形、圆形型腔。粗铣 U 形型腔的

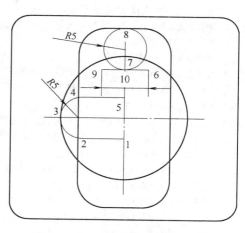

图 13–5　凹模型腔平面走刀路径

平面走刀路径为点 6→点 7→点 8→顺 U 形腔一周→点 8→点 7→点 9，粗铣圆形型腔的平面走刀路径为点 1→点 2→点 3→顺圆一周→点 3→点 4→点 5。凹模型腔数控铣削加工工序卡片见表 13–1。

表 13 - 1　凹模型腔数控铣削加工工序卡片

产品名称	零件名称	工序名称	工序号	程序编号	毛坯材料	使用设备	夹具名称
	凹模	数控铣		O1301	45 钢	数控铣床	平口钳
工步号	工步内容	刀具			主轴转速/ (r/min)	进给速度/ (mm/min)	切削深度/ mm
		刀号	材料	规格/mm			
1	预钻下刀孔（点 1 位置）	T01 麻花钻	高速钢	φ9	500	50	9.5
2	预钻下刀孔（点 6 位置）			φ9	500	50	4.5
3	粗铣 U 形型腔	T02 立铣刀		φ8	900	300	4.7
4	粗铣圆形型腔			φ8	900	300	9.7
5	精铣 U 形型腔			φ8	1500	100	5
6	精铣圆形型腔			φ8	1500	100	10

2. 程序编制

O1301;（程序号,手动装夹 1 号钻头并对刀）
N010 G54 G90 G17 G40 G49 G80 G21;（初始化）
N020 M03 S500;（主轴正转）
N030 G00 X0 Y-5;（定位至点 1 上方）
N040 Z3;（快速下刀至安全平面）
N050 G01 Z-9.5 F50;（预钻点 1 下刀孔）
N060 G00 Z3;（抬刀）
N065 X5 Y12;（定位至点 6）
N070 G01 Z-4.5 F50;（预钻点 6 下刀孔）
N080 G00 Z100;（抬刀）
N090 M05;（主轴停）
N100 M00;（程序暂停,手动换 2 号铣刀并对刀）
N110 M03 S900;（主轴正转）
N120 G00 X5 Y12 Z3;（定位至点 6）
N130 G01 Z-4.7 F50;（下刀,精铣时改为 Z-5）
N140 G91 G42 D01 X-5 F300;（相对坐标编程,建立刀补至点 7,D01 存 4.3,精铣时按实测值）
N150 G02 X0 Y10 R-5;（点 8）
N160 G01 X4;（N160～N240 顺 U 形腔铣一周）
N170 G02 X6 Y-6 R6;
N180 G01 Y-32;
N190 G02 X-6 Y-6 R6;
N200 G01 X-8;
N210 G02 X-6 Y6 R6;
N220 G01 Y32;
N230 G02 X6 Y6 R6;
N240 G01 X4;
N250 G02 X0 Y-10 R-5;（沿圆弧切出工件至点 7）

N260 G40 G01 X-5;（取消刀补至点9）

N270 X5;（回点7）

N280 Y-29;（打点法切除U形腔内部多余材料）

N290 G90 G00 Z3;（抬刀）

N300 G00 X0 Y-5;（定位至点1）

N310 Z-2;（快速下刀）

N320 G01 Z-9.7 F50;（切削至孔底,精加工时改为Z-10）

N330 G91 G01 G42 D01 X-10 F300;（建立刀补至点2,精加工时改为F100）

N340 G02 X-5 Y5 R5;（点3）

N350 X0 Y0 I15 J0;（顺时针铣ϕ30mm圆一周）

N360 X5 Y5 R5;（点4）

N370 G40 G01 X10;（取消刀补至点5）

N380 G90 X0 Y0;（返回原点）

N390 X5 Y5;（N390~N400 打点法切除圆形腔内部多余材料）

N400 Y-5;

N410 G00 Z100;（抬刀）

N420 M30;（程序结束）

1301（上）　　1301（中）　　1301（下）

请扫二维码观看编程视频。

3. 仿真加工

请扫二维码观看仿真加工视频。

1302

能力训练

编制图13-6、图13-7所示零件的加工程序，并进行仿真加工。

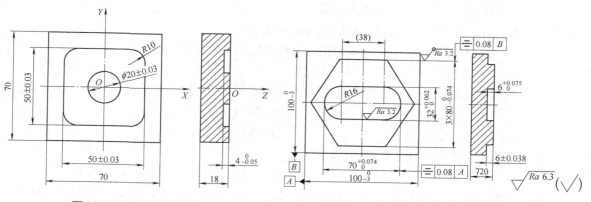

图13-6　带岛型腔零件　　　　　　　图13-7　外六方内圆角腔零件

自测题

1. 判断题

（1）在立式数控铣床上加工封闭键槽时，通常采用立铣刀，而且不必钻下刀孔。（　　）

（2）在轮廓铣削加工中若采用刀具半径补偿指令编程，刀补的建立与取消应在轮廓上

进行，这样的程序才能保证零件的加工精度。（　　）

（3）行切法中的行距等于刀具的直径。（　　）

（4）加工型腔时常用垂直方式进给，这样效率高。（　　）

（5）当型腔空间较小而不能螺旋进给时，常改用斜向切入。（　　）

2. 选择题

（1）在数控机床的加工过程中，进行测量刀具和工件的尺寸、工件调头、手动变速等固定的手工操作时，需要进行（　　）指令。

A. M00　　　　　　B. M98　　　　　　C. M02　　　　　　D. M03

（2）在数控机床上，下列划分工序的方法中错误的是（　　）。

A. 按所用刀具划分工序　　　　　　B. 以加工部位划分工序

C. 按粗、精加工划分工序　　　　　　D. 按不同的加工时间划分工序

（3）下列确定加工路线的原则中正确的说法是（　　）。

A. 加工路线最短

B. 使数值计算简单

C. 加工路线应保证零件的精度及表面粗糙度

D. 以上三项同时兼顾

（4）精加工时应首先考虑（　　）。

A. 零件的加工精度和表面质量　　　　　　B. 刀具寿命

C. 生产效率　　　　　　D. 机床的功率

（5）材料是钢，欲加工一个尺寸为6F8深度为3mm的键槽，键槽侧面表面粗糙度值要求为$Ra1.6\mu m$，最好采用（　　）。

A. $\phi6mm$ 键槽铣刀一次加工完成

B. $\phi6mm$ 键槽铣刀分粗、精加工两次完成

C. $\phi5mm$ 键槽铣刀沿中线粗加工一刀然后精加工两侧面

D. $\phi5mm$ 键槽铣刀顺铣一圈一次完成

（6）铣削外轮廓时，为避免切入/切出产生刀痕，最好采用（　　）。

A. 法向切入/切出　　　　　　B. 切向切入/切出

C. 斜向切入/切出　　　　　　D. 直线切入/切出

（7）下列刀具中不能用来铣削型腔的是（　　）。

A. 立铣刀　　　B. 键槽铣刀　　　C. 面铣刀　　　D. 球头铣刀

（8）用行（层）切削加工空间立体曲面，即三坐标运动、两坐标联动的编程方法称为（　　）加工。

A. 2维　　　　　　B. 2.5维　　　　　　C. 3维　　　　　　D. 3.5维

3. 简答题

（1）型腔铣削如何下刀？

（2）何种情况下要采用平均尺寸编程？如何计算平均尺寸？

项目 14 数控铣削连冲模

学习目标

- 会用子程序平移铣削编程。
- 会用子程序分层铣削编程。
- 会用子程序编制连冲模加工程序。

任务导入

1．零件图样

腰形级进凸模零件图样如图 14 – 1 所示。

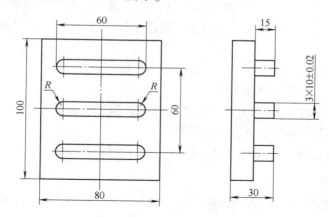

图 14 – 1 腰形级进凸模

2．任务要求

用 $\phi16mm$ 的高速钢普通立铣刀，在 100mm × 80mm × 30mm 的 45 钢毛坯上粗、精数控铣削和仿真加工图 14 – 1 所示零件，用子程序平移和分层铣削联合编程。

知识准备

14.1 子程序概述

14.1.1 概念和结构

在数控加工程序中，如果其中某些加工内容完全相同，为了简化程序，可以把这些重复的程序段单独列出，并按一定的格式编写成供上一级程序调用的程序，称为子程序，与之对应的程序称为主程序。一个完整的子程序由三部分组成：程序号（名）、加工程序段和程序结束符号。

1. 程序号（名）

程序号由字母 O 及其后紧跟的 4 位数字和分号组成，即"O××××;"前位数字为 0 的可以省略，如"O0008;"可以写成"O8;"，"O0088;"可以写成"O88;"。

2. 加工程序段

加工程序段由 G、M、F、S 和 T 五大功能指令及 X、Y、Z 坐标组成，零件形状越复杂，程序段就越长。

3. 程序结束符号

程序结束符号由 M30 或 M02 组成，常用 M30。

14.1.2　子程序调用

子程序是供上一级程序调用的，调用的指令是 M98，其格式为：M98 P△△△△××××，其中△△△△表示重复调用的次数，调用 1 次时可以省略，导零可省，最多调用次数为 9999；××××表示被调用的子程序号，如果调用次数多于 1 次时，须用导零补足 4 位子程序号，如果调用 1 次时，子程序号的导零可以省略。例如"M98P32000;"表示连续调用 3 次 2000 号子程序，"M98P30002;"表示连续调用 3 次 2 号子程序，"M98P2;"表示调用 1 次 2 号子程序。

子程序调用注意事项如下：

1）子程序调用语句要求单独成段。

2）主、子程序中的 G、M、F 和 S 功能代码具有相互继承性。

3）最好不要在刀具补偿状态下调用子程序。

4）M98 和 M99 必须成对出现，且不在同一编号的程序段内。

14.1.3　子程序嵌套

为了进一步简化程序，子程序中还可以调用另一个子程序，称为子程序嵌套，图 14-2 所示为四级子程序嵌套。

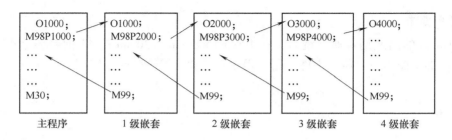

图 14-2　四级子程序嵌套

14.1.4　子程序的执行

子程序像主程序一样，需以单独的程序从机床面板输入数控系统。执行时，从主程序中调用子程序或由子程序调用下一级子程序，如图14－3所示。

主程序执行到 N30 后转去执行子程序 O1016，重复执行 2 次后返回到主程序 O1015 接着执行 N40 程序段，在执行 N50 程序段后又转去执行 O1016 子程序 1 次，再返回到主程序 O1015 接着执行 N60 程序段。

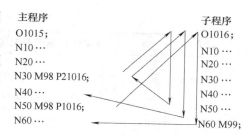

主程序	子程序
O1015;	O1016;
N10 …	N10 …
N20 …	N20 …
N30 M98 P21016;	N30 …
N40 …	N40 …
N50 M98 P1016;	N50 …
N60 …	N60 M99;

图 14－3　子程序执行过程

14.2　子程序平移编程

同一平面上等间距排列的相同轮廓，由一个等间距的"头"或"尾"连接成子程序"模型"，把模型用增量尺寸（G91）编制成子程序，由子程序调用次数来复制这个模型的编程方式称为子程序平移编程。子程序平移编程的特点是前一模型的终点是后一模型的起点。

【促成任务 14－1】用 φ16mm 的立铣刀端铣图 14－4 所示的锻铝平面，深度为 2mm。

【解】这是用小刀铣削大平面的加工问题，图 14－5a 所示为设计的行切刀具路径，图 14－5b 所示为子程序模型，用 G91 编制子程序。行距 2→3 的大小由刀具直径大小和总加工宽度决定。对于 φ16mm 的立铣刀，行距取 14mm，不会存在残余量。点 1 下刀，点 4→点 5 是"尾"，取其长度为 14mm，保证所有行距相同。由总加工宽度和子程序模型宽度计算子程序调用次数，3 次能覆盖整个加工平面。工件坐标系原点建立在毛坯上表面左下角，加工程序见表 14－1。

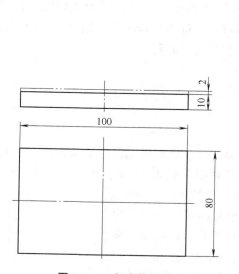

图 14－4　长方体零件

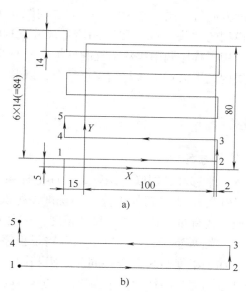

图 14－5　平面走刀轨迹和子程序模型

表 14－1　小刀铣削大平面程序

段号	FANUC 系统中的程序	备　注
	O1401;	子程序号
N010	G91 G01 X117 Y0;	点 2，拟定刀具在点 1

（续）

段号	FANUC 系统中的程序	备　注
N020	Y14;	点 3
N030	X-117;	点 4
N040	Y14;	点 5
N050	M99;	子程序结束
	O1402;	主程序号
N010	G54 G90 G17 G21 G40 G49 G80 F100;	初始化
N020	M03 S1500;	主轴正转
N030	G00 X-15 Y5;	高处快速定位
N040	Z-2;	下刀
N050	M98 P31401;	调用 3 次子程序 O1401
N060	G90 G00 Z150;	抬刀
N070	M30;	主程序结束

14.3　子程序分层编程

　　深度方向每一层的轮廓相同，分层间距相等，层与深度"头"或"尾"连接成子程序模型，模型的"头"或"尾"用增量尺寸（G91）编制成子程序，层内如何编程由具体情况决定，用子程序调用次数来复制这个模型的编程方式称为子程序分层编程。子程序分层编程中，层内的下刀点必须与结束点重合，以形成封闭刀具路径。

任务实施

1. 编程方案

　　子程序平移和分层联合编程。工件坐标系 G54 原点建立在工件上表面的中心，凸台高15mm，较厚，Z 方向粗加工分三层铣削，每次的背吃刀量为 5mm，留精加工余量 0.3mm。精加工时，为保证表面光滑及尺寸精度，一次加工完毕。

　　（1）凸台模型子程序　三个凸台用子程序平移编程。三个凸台的形状和加工精度要求完全相同，间距相同。如图 14-6 所示，将第一个凸台的刀具路径"点 1→点 2→点 3→点 4→点 5→点 6→点 2"确定为子程序平移模型，编程时只需做 X 向偏移，用 G91 增量编程，将子程序平移模型调用 3 次即可完成三个凸台 X 向等距平移加工。图 14-6 中点 1→点 2 的路径长实际上就是凸台间距 30mm，可以作为图示的"头"，也可以作为"尾"，类似于"桥梁"，起连接作用，必须要有，这也是子程序平移加工的关键。

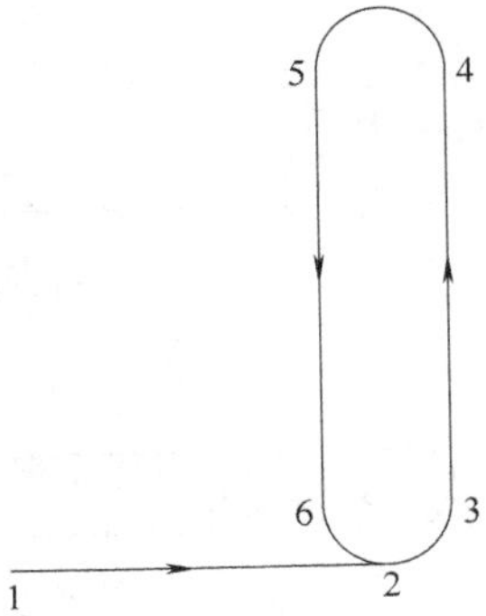

　　平移凸台模型子程序如下：

图 14-6　凸台平移模型

O1403;（子程序号,假定刀具在1点）
N010 G91 G01 X30 F100;（点2）
N020 G03 X5 Y5 R5;（点3）
N030 G01 Y50;（点4）
N040 G03 X-10 Y0 R-5;（点5）
N050 G01 Y-50;（点6）
N060 G03 X5 Y-5 R5;（点2）
N070 M99;（子程序结束）

（2）XY平面子程序 子程序平移加工不到的地方,用打点法覆盖切除掉,并且在加工平面内强迫刀具路径的起点和终点重合。如图14-7所示,XY平面路径为点0→点1→点2→…→点5→点6→点2→点2'→…→点2″→点7→点8→点9→点10→点11→点0,将这一加工平面内的所有刀具路径变成一个子程序,记为XY平面子程序,子程序如下:

O1404;（XY平面子程序号,假定刀具在点0）
N010 G91 G00 G42 D01 X10 Y10;（建立刀具半径补偿到点1,精加工时修改刀补D01存放的值）
N020 M98 P31403;（调用3次凸台子程序,在XY平面平移铣削3个凸台,结束时位于点2″）
N030 G01 X30 F100;（点7）
N040 G00 Y46;（点8）
N050 G01 X-34 Y38;（点9）
N060 X-52;（点10）
N070 X-34 Y-38;（点11）
N080 G00 G40 X-10 Y-56;（点0,取消刀具半径补偿,强迫与起点重合）
N090 M99;（子程序结束）

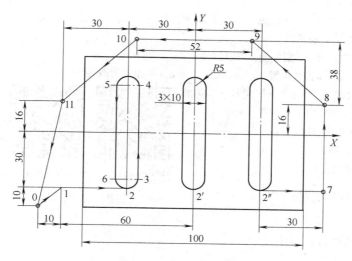

图14-7 XY平面子程序路径

（3）分层子程序 XY平面子程序加一个（头—桥梁）"G91 Z-5;"组成分层子程序,在上一级程序中用子程序调用数次分层加工,即Z方向下降一个深度5mm（厚度）后,加工一层XY平面多余材料,程序如下:

O1405;(分层子程序号,假定刀具在点0)

N010 G91 G01 Z-5 F50;(粗加工一层厚度5mm,假定分3层;精加工时改为Z-15)

N020 M98 P1404;(调用XY平面子程序)

N030 M99;(子程序结束)

分层厚度乘以调用次数就是总加工厚度。编程时,每层厚度必须相同,调用次数必须是整数,如果调用次数不能整除总加工厚度,可用下刀点高度来调节。如深槽为15mm,下刀点高度从高出槽口平面1mm计算,分4层加工,即每层厚度4mm,层厚计算如图14-8所示,利用这一办法预留精加工余量非常方便。

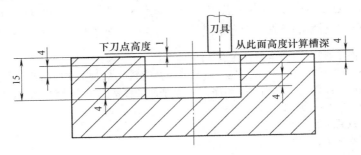

图14-8 层厚计算简图

(4) 主程序 本项目任务主程序如下:

O1406;(主程序号)

N010 G54 G90 G17 G40 G49 G80 G21;(初始化)

N020 M03 S500;(主轴正转)

N030 G00 X-70 Y-40;(定位至点0上方)

N040 Z0.3;(粗加工时,Z向留0.3mm精加工余量;精加工时改为Z0)

N050 M98 P31405;(Z向分三层粗加工,精加工时改为1次,即M98P1404)

N060 G90 Z150;(抬刀)

N070 M05;(主轴停)

N080 M30;(程序结束)

1401(上)

1401(中)

1401(下)

请扫二维码观看编程视频。

2. 仿真加工

请扫二维码观看仿真加工视频。

1402

能力训练

编制图14-9、图14-10所示零件的加工程序,并进行仿真加工。

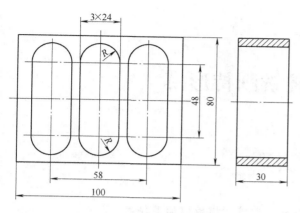

图 14-9 腰形级进凹模

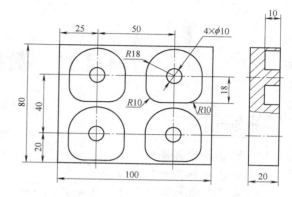

图 14-10 垫圈凹模

自测题

1. 选择题

（1）子程序和主程序结束语句分别是（　　）。

A. M03 和 M04　　B. G98 和 G99　　C. M98 和 M99　　D. M99 和 M30

（2）M98 P201 的含义是（　　）。

A. 调用 01 号子程序 2 次　　B. 调用 201 号子程序 1 次

C. 调用 01 号子程序 20 次

（3）子程序（　　）单独运行，子程序中（　　）调用另一个子程序。

A. 不可以　可以　　B. 不可以　不可以

C. 可以　可以　　D. 可以　不可以

（4）常把零件的相同轮廓，用一个等间距的"头"或"尾"连接成模型，用（　　）编制成子程序。

A. 绝对坐标　　B. 相对坐标　　C. 相对或绝对

2. 简答题

（1）何为子程序嵌套？

（2）子程序能单独运行吗？

（3）子程序平移编程的关键技术是什么？

项目 15 数控铣削特形模

学习目标

- 会极坐标编程。
- 会坐标系旋转编程。
- 会综合运用子程序、极坐标、坐标系旋转编制特形模数控加工程序。

任务导入

1. 零件图样

五角形特形模的零件图样如图 15 - 1 所示。

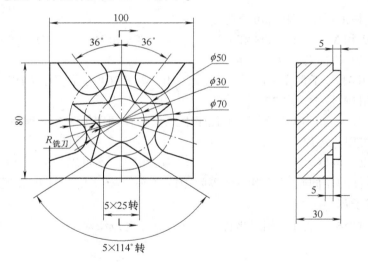

图 15 - 1 五角形特形模

2. 任务要求

用 φ16mm 的高速钢普通立铣刀，在 100mm × 80mm × 30mm 的 45 钢毛坯上粗、精数控铣削或仿真加工图 15 - 1 所示零件，用子程序、极坐标、坐标系旋转联合编程。

知识准备

15.1 极坐标编程

加工呈径向分布、以极坐标形式标注尺寸的零件时，采用极坐标编程十分方便。正因为如此，现代数控系统一般都具有极坐标编程功能，是否是基本功能，需要在订货时确认。

极坐标在 G17、G18、G19 指定的平面内有效，在选定平面的两坐标轴中，第一轴上确定极半径，第二轴上确定极角，如图 15 - 2 所示。极角单位是度（°），不用分秒形式，编程范围有正负之分。第一坐标轴正方向的极角是 0°，逆时针旋转为正，顺时针旋转为负。

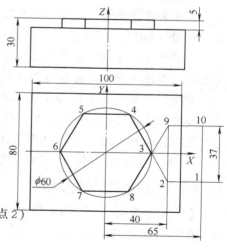

图 15 - 2　极坐标

15.1.1　极坐标指令

1. 建立极坐标指令 G16

$$格式：G16 \begin{cases} X\_\_ & Y\_\_ \\ Z\_\_ & X\_\_ \\ Y\_\_ & Z\_\_ \end{cases}$$
$$\qquad\qquad\downarrow\qquad\quad\downarrow$$
$$\qquad\quad 极半径\quad 极角$$

说明：①前面的地址字 X/Z/Y 表示极半径，后面的地址字 Y/X/Z 表示极角。

②用绝对值指令 G90 编程时，极点位置为工件零点，工件零点到极坐标点的距离为极半径。

③用增量值指令 G91 编程时，极角、极半径遵循终点坐标减去起点坐标的规则。

2. 取消极坐标指令 G15（略）

15.1.2　极坐标应用示例

【促成任务 15 - 1】用极坐标指令编写图 15 - 3 所示的六边形凸台加工程序并进行仿真加工。

【解】采用 φ16mm 立铣刀，六边形凸台加工程序如下：

```
O1501;
N010 G54 G90 G17 G21 G40 G49 G80;(初始化)
N020 M03 S1500;(主轴正转)
N030 G00 X65 Y-18.5;(快速定位至点1上方)
N040 Z-5;(下刀)
N050 G01 G42 D01 X40 F100;(建立右刀补,直线插补到点2)
N060 G01 G16 X30 Y60;(极坐标编程、直线插补到点4)
N070 Y120;(点5)
N080 Y180;(点6)
N090 Y240;(点7)
N100 Y300;(点8)
N110 G15 X40 Y18.5;(点9)
N120 G40 X65;(点10)
N130 G00 Z150;(抬刀)
N140 M30;(程序结束并返回)
```

图 15 - 3　六边形凸台

15.2 坐标系旋转编程

执行坐标系旋转指令，在给定的插补平面内，可按指定旋转中心及旋转方向将工件坐标系和工件坐标系下的加工形状一起旋转一个给定的角度。坐标系旋转参数如图 15-4 所示。

15.2.1 坐标系旋转指令

1. 建立坐标系旋转指令 G68

G68 指令格式如图 15-5 所示。

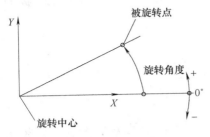

图 15-4 坐标系旋转

$$G68 \left\{ \begin{array}{l} G17 \\ G18 \\ G19 \end{array} \right\} \begin{array}{l} X\_\_ \ Y\_\_ \\ Z\_\_ \ X\_\_ \\ Y\_\_ \ Z\_\_ \end{array} R\_\_;$$

图 15-5 G68 指令格式

说明：①X、Y、Z 为旋转中心坐标，模态量，绝对坐标值。当 X、Y、Z 省略时，执行 G68 指令时认为当前刀具中心位置即为旋转中心。X、Y、Z 取图形中心坐标时编程较方便。G68 所在程序段要指定两个坐标才能确定旋转中心。

②R 为旋转角度，模态量，可以是绝对值，也可以是增量值，单位是度（°），最小输入单位是 0.001°，编程范围是 ±360°。

注意事项：①G68 用绝对值编程。如果紧接着 G68 后的一条程序段为增量值编程，那么系统将以当前刀具的坐标位置为旋转中心，按 G68 给定的角度旋转坐标系。不在插补平面内的坐标轴不旋转。②在 G68 下不能使用 G16。

G68 编程技巧：G68 和其下一程序段用 G90 编程（指具有 X、Y 的程序段），从第三条程序段起用 G91 编程，计算基点坐标更容易。

2. 取消坐标系旋转指令 G69（略）

15.2.2 旋转坐标系应用示例

【促成任务 15-2】编制仿真加工程序 O1502，将加工后的零件轨迹与图 15-6 所示轨迹进行比较。

【解】加工程序如下：

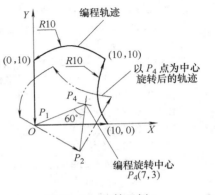

图 15-6 旋转示例

```
O1502;(程序号)
N010 G54 G90 G17 G21 G49 G40 G80;(初始化)
N020 M03 S1500;(主轴正转)
N030 G00 X-10 Y-10;(高处快速定位)
N040 Z-5;(下刀)
N050 G68 X7 Y3 R60;(坐标系绕中心点 P₄ 逆时针转 60°)
N060 G01 X0 Y0 F150;(直线插补至 P₁ 点,按旋转前编程,下同)
```

N070 G91 X10;(N070～N100,逆时针围绕编程轨迹一周回到 P_1 点)

N080 G02 Y10 R10;

N090 G03 X-10 R10;

N100 G01 Y-10;

N110 G90 G00 G69 X-10 Y-10;(取消旋转方式且刀具回到初始点)

N120 Z150;(抬刀)

N130 M30;(程序结束并返回)

任务实施

1. 工艺分析与工艺设计

（1）图样分析　如图15-7所示，工件坐标系原点建立在工件顶面中心，先铣正五角形，用极坐标和刀具半径补偿编程，残留量用打点法和取消刀具半径补偿编程；后铣槽，将下方 D 槽轮廓用刀具半径补偿编成子程序，再用坐标系旋转功能调用 D 槽子程序依次铣 D、E、A、B、C 槽。零件精度不高，用顺铣一次加工完成。

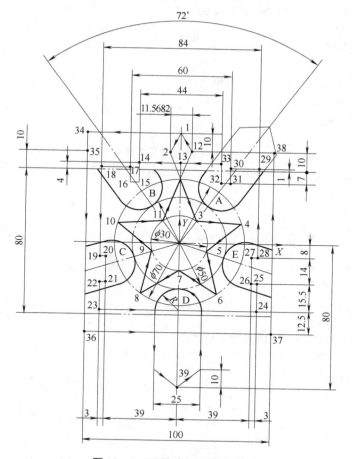

图 15-7　刀具路径及基点坐标

（2）刀具路径　用CAD绘图，画出铣五角形的刀具路径，点1下刀，点1→点2→点3→点4→点5→点6→点7→点8→点9→点10→点11→点12→点1→点13→点14→点15→点16→点17→点18→点19→点20→点21→点22→点23→点24→点25→点26→点27→点28→点29→点30→点31→点32→点33→点13→点1→点34→点35→点36→点37→点38。D槽子程序中，在点39下刀，找出基点坐标，如图15-7所示。

2. 编制加工程序

加工程序如下：

O1503;（D槽子程序）

N010 G90 G00 X0 Y-80;（定位至点39上方）

N020 Z-10;（下刀）

N030 G41 D01 X12.5 Y-70;（建立刀具半径补偿）

N040 G01 Y-37.5 F100;（直线切削至圆弧起点）

N050 G03 X-12.5 Y-37.5 I-12.5;（切削半圆）

N060 G01 Y-70;（直线退刀）

N070 G00 G40 X0 Y-80;（取消半径补偿至点39）

N080 Z5;（抬刀,防撞）

N090 M99;（子程序结束）

O1504;（主程序）

N010 G54 G90 G40 G49 G80 G21;（初始化）

N020 M03 S900;（主轴正转）

N030 G00 X0 Y60;（定位至点1上方）

N040 Z-5;（下刀）

N050 G01 G41 D01 X-5.784 Y50 F100;（建立刀具半径补偿至点2）

N060 G16 G01 X15 Y54;（极坐标编程,直线切削至点3）

N070 X35 Y18;（点4）

N080 X15 Y342;（点5）

N090 X35 Y306;（点6）

N100 X15 Y270;（点7）

N110 X35 Y234;（点8）

N120 X15 Y198;（点9）

N130 X35 Y162;（点10）

N140 X15 Y126;（点11）

N150 G15 X5.784 Y50;（取消极坐标编程至点12）

N160 G40 G00 X0 Y60;（取消刀具半径补偿至点1）

N170 G01 X0 Y44;（点13）

N180 X-22;（点14）

N190 Y33;（点15）

N200 X-30;（点16）

N210 Y41;（点17）

N220 X-42;（点18）

N230 Y-8;（点19）

N240 X-39;(点20)

N250 Y-22;(点21)

N260 X-42;(点22)

N270 Y-37.5;(点23)

N280 X42;(点24)

N290 G91 Y15.5;(点25)

N300 X-3;(点26)

N310 Y14;(点27)

N320 X3;(点28)

N330 G90 Y41;(点29)

N340 X30;(点30)

N350 Y33;(点31)

N360 X22;(点32)

N370 Y44;(点33)

N380 X0;(点13)

N390 Y60;(点1)

N400 G00 X-50;(点34)

N410 Y50;(点35)

N420 G01 Y-50;(点36)

N430 X50;(点37)

N440 Y50;(点38)

N450 G90 G00 Z5;(抬刀)

N460 M98 P1503;(加工D槽)

N470 G68 X0 Y0 R72;(坐标系和D槽整体旋转72°)

N480 M98 P1503;(加工E槽)

N490 G68 X0 Y0 R144;(旋转144°)

N500 M98 P1503;(加工A槽)

N510 G68 X0 Y0 R216;(旋转216°)

N520 M98 P1503;(加工B槽)

N530 G68 X0 Y0 R288;(旋转288°)

N540 M98 P1503;(加工C槽)

N550 G69 G00 X0 Y0;(取消旋转)

N560 Z100;(抬刀)

N570 M30;(程序结束)

请扫二维码观看编程视频。

3. 仿真加工

请扫二维码观看仿真加工视频。

1501(1)　　　1501(2)

1501(3)　　　1501(4)

能力训练

编制图15-8、图15-9所示零件的加工程序，并进行仿真加工。

1502

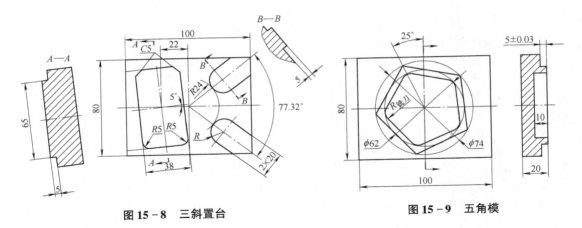

图 15-8　三斜置台

图 15-9　五角模

自测题

1. 选择题

（1）建立和取消极坐标编程的指令分别是（　　）。

　　A. G16/G15　　　　　B. G17/G18　　　　　C. G41/G42　　　　　D. G68/G69

（2）G16Z ＿＿ X ＿中，Z ＿和 X ＿的含义分别是（　　）。

　　A. Z 坐标和 X 坐标　　　　　　　　　B. 旋转点和旋转角度

　　C. 极半径和极角　　　　　　　　　　D. 缩放中心和缩放比例

（3）采用极坐标表达点的位置，如果用绝对值编程，极点的位置在（　　）。

　　A. 刀具当前位置　　　B. 工件零点　　　　C. 机床零点　　　　D. 机床参考点

（4）建立和取消坐标系旋转指令分别是（　　）。

　　A. G15/G16　　　　　B. G17/G18　　　　　C. G41/G42　　　　　D. G68/G69

（5）坐标系旋转时，如果指令中的旋转中心坐标被省略，那么系统将以（　　）为旋
　　转中心。

　　A. 工件零点　　　B. 工件原点　　　　C. 刀具当前中心位置　　D. 刀具起点

2. 简答题

（1）使用极坐标方式写出图 15-10 所示的节点坐标。

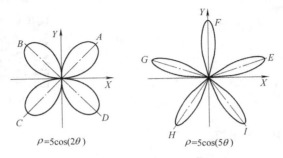

$\rho = 5\cos(2\theta)$　　　　$\rho = 5\cos(5\theta)$

图 15-10　四叶玫瑰和五叶玫瑰图形

（2）如何确定极点坐标位置？

（3）如何确定坐标旋转中心和第一个轮廓子程序的旋转角度？

项目 16　数控镗铣孔系零件

学习目标

- 会选刀与换刀编程。
- 会刀具长度补偿。
- 会用孔加工固定循环编程。
- 会用子程序和固定循环次数编制孔位坐标。
- 会用孔加工固定循环数控镗铣孔盘类零件。

任务导入

1. 零件图样

三孔板零件图样如图 16-1 所示。

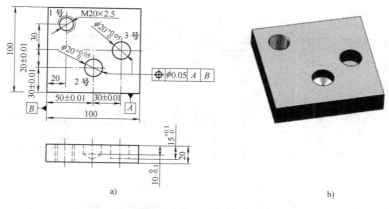

图 16-1　三孔板零件

a）零件图　b）立体图

2. 任务要求

编制工序卡片，选择合适的刀具和切削用量，在 100mm × 100mm × 20mm 的 45 号钢毛坯上加工图 16-1 所示三个孔，编制加工程序并进行仿真加工。

知识准备

16.1　自动换刀与刀具长度补偿

16.1.1　选刀与换刀

加工中心刀库常用的选刀方式有两种：顺序选刀和预先选刀，预先选刀又称为随机选刀。

1. 顺序选刀与换刀

顺序选刀是指将当前主轴上的刀具放回刀库原刀套位置后，再选择新刀具。刀库中的刀套号和刀具号始终一一对应，保持不变。在机床结构上，一般没有机械手，换刀时由主轴直接与刀库进行交换。

顺序选刀与换刀指令格式：T ___ M06；

说明：①若主轴上没有刀具，则刀库旋转找到 T ___ 刀具，执行 M06 指令将刀具换到主轴上；若主轴上有刀具，则先将主轴上的刀具换回到刀库原刀套内，刀库再旋转找到新刀后换刀。

②选刀、换刀方式由 PLC 程序决定，应注意查阅机床使用说明书。

2. 预先选刀与换刀

预先（随机）选刀是指刀库预先将要换的刀具转到换刀位，当执行换刀指令 M06 时，将主轴上的刀具（也可能无刀）与换刀位的刀具交换。在机床结构上，需要有双臂换刀机械手，如图 16-2 所示。起初往刀库中装刀时，刀套与刀具一一对应，换刀后刀库的刀套号与刀具号就不一致了，由 PLC 程序自动记忆刀套和刀具的相对位置，数控加工程序不予考虑。编程时，为使选刀时间与加工时间重合，往往先指令 T 代码选刀，在需要换刀时，再指令 M06 换刀。选刀与换刀方式是由机床制造商的 PLC 程序决定的，而不是由数控系统决定的。

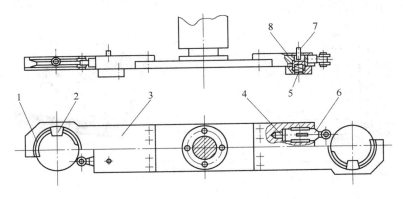

图 16-2 双臂换刀机械手

1—手爪 2—锥销 3—手臂 4、5—弹簧 6—活动销 7—长销 8—锁紧销

【促成任务 16-1】某加工中心刀库随机选刀，具有双臂机械手换刀装置，请设计省时换刀程序。

【解】省时换刀程序的目的就是使刀库选刀时间与主轴加工时间重合，即刀库选刀时主轴能同时加工，程序见表 16-1。

表 16-1　随机选刀省时换刀程序

程序段号	程序	说明
	O1601;	程序号
N10	T01;	刀库选择 T01 号刀到换刀位置
N20	G91 G28 Z0;	快速返回换刀点,由机床制造商决定

（续）

程序段号	程序	说明
N30	M06;	将 T01 号刀换到主轴上
N40	T02;	刀库选择 T02 号刀到换刀位置,此期间后续程序同时运行
N50	G90 G00 G54 X50 Y100 F100 S800 M03;	用 T01 号刀加工
	…	
N	G00 G91 G28 Z0;	
N	M06;	将 T02 号刀换到主轴上,主轴上 T01 号刀同时换回刀库
N	T50;	选择 T50 号刀,为下次换刀做好准备,此期间后续程序同时运行
N	G90 G00 G54 X100 Y100 F100 S800 M03;	用 T02 号刀加工
	…	
	G00 G91 G54 Z0;	
N	M06;	换 T50 号刀,同时 T02 号刀换回刀库
N	T00;	选择 T00 号刀即刀库不动,为下次换回 T50 号刀做好准备,意味着最后一把刀加工,程序即将结束
N	G90 G00 G54 X200 Y100 F100 S800 M03;	用 T50 号刀加工
N	…	
N	G00 G91 G28 Z0;	
N	M06;	T50 号刀换回刀库,主轴上无刀
N	M30;	程序结束

16.1.2 刀具长度补偿

测量基点是刀具大小为零的动点,而实际加工中,测量基点上要装夹具有一定直径和长度的切削刀具,前面通过刀具补偿解决了刀具半径的编程问题,由于刀具数量少,将其长度直接累加到工件的高度尺寸上,一并设置为工件坐标系的 Z 向偏置值。数控镗铣时需要多刀加工,零点偏置存储器的数量只有 G54～G59 六个,用起来很不方便。数控系统的刀具长度补偿功能可以避免不同刀具长度对加工的影响。

刀具长度补偿有机上测量刀具长度不补偿、机上测量刀具长度补偿、机外测量刀具长度补偿三种方法。

1. 机上测量刀具长度不补偿

机上测量刀具长度不补偿即找正夹紧工件后，将刀具装在主轴（测量基点）上，刀位点接触到 Z 向工件坐标系零点平面，测量机床坐标，如图 16-3 所示，Z = -379.867mm，并将其输入到零点偏置存储器（G54~G59）内，这样实际上是把刀具的长度叠加到了工件厚度上，用 Z 向零点偏置值来综合体现刀具长度和工件坐标系原点位置，间接补偿了刀具长度，但实际上刀具长度并不知晓，也没有必要知道。Z 向机上测量刀具长度不补偿指令格式见表 16-2。

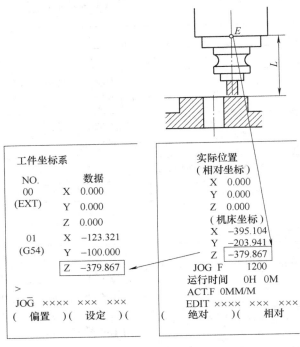

图 16-3　机上测量刀具长度不补偿

表 16-2　Z 向机上测量刀具长度不补偿指令格式

系统	FANUC
格式	Z __
说明	Z 是 Z 向刀位点运动到工件坐标系中的坐标值，常作为下刀安全高度
注意	刀具补偿存储器中有无数据不影响编程

前面几个项目中的刀具长度都是用这种方法补偿的，其优点是对刀简单，Z 向零点偏置测量和刀具长度测量一次同时完成。其缺点是：①用几把刀具，就需要占用几个零点偏置存储器（G54~G59），所以刀具数量多时不方便；②不知道刀具的实际长度，不同工件品种轮番加工时，通用刀具也得重新对刀测量，相应地也需更改零点偏置值。由此可见，机上测量刀具长度不补偿适用于少刀加工的场合。

请扫二维码观看仿真操作视频。

1601

2. 机上测量刀具长度补偿

机上测量刀具长度补偿即找正夹紧工件、装好要测量的刀具（如 T01）后，将刀位点接触到 Z 向工件零点平面，测量机床坐标，如 Z = −379.867mm，并将其输入到刀具补偿存储器，如图 16-4 所示（图示为 1 号刀具几何长度补偿值的测量与设定），编程时用规定的代码调用即可。可见，刀具长度补偿值不会占用零点偏置存储器 G54 ~ G59，而刀具长度补偿存储器很多，足够用，对于加工中心这类多刀自动换刀机床，应用极为方便。但如此测量的刀具长度补偿值是相对值，更换工件品种后，需重新对刀测量；此外机上测量刀具增多，也会占用加工时间。

Z 向零点偏置值设定如下：将机床返回参考点时的 Z 坐标值输入到编程所用工件坐标系的 Z 向零点偏置存储器，如图 16-5 所示；图示机床返回参考点后，测量基点 E 在机床坐标系中的坐标值 Z = 0，若工件坐标系采用 G54，就将 Z_{G54} 设置成 0。

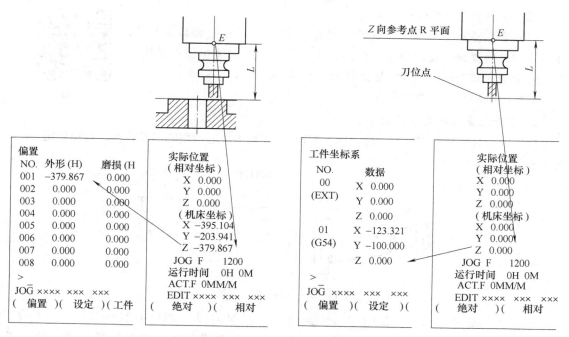

图 16-4　机上测量刀具长度补偿　　　　图 16-5　Z 向零点偏置值设定

机上测量刀具长度补偿指令为 G43/G44、G49。

建立刀具长度补偿指令格式：G43/G44　H __　Z __；

说明：①G43 是正（ + ）补偿，表示测量基点由系统自动计算移动到刀位点（机床不动），再运动到工件坐标系中的 Z 向位置，由此控制刀位点的运动。刀具的移动距离等于刀具长度补偿值加上刀位点在工件坐标系中的终点坐标 Z。

②G44 是负（ − ）补偿，即 Z 轴移动距离是刀具长度补偿量减去指令终点坐标 Z，不符合惯例，常不使用。

③H 代码是存储刀具长度补偿值的存储器的代码，通过操作面板设定刀具长度补偿值。刀具长度补偿号 H 和刀具号 T 的关系是编程时才确定的，系统中并没有联系，但为防止混乱，方便刀具管理，实际使用时最好补偿号与刀具号相同，如 T02、H02，T03、H03 等，这样便于记忆。

④Z 是刀位点在工件坐标系中的 Z 向坐标值。

取消刀具长度补偿指令格式：G49Z __；

或 G43 H00 Z __；

说明：①Z 是测量基点在工件坐标系中的 Z 向坐标值，其值应保证机床 Z 轴正向不超程、负向刀位点完全脱离工件，以防止后续动作中刀具与工件干涉。实际上若机床返回参考点后的坐标值 Z = 0 处于最大行程极限位置，零点偏置 Z = 0，则取消刀具长度补偿后的 Z 必为负值。

②H00 表示刀具长度补偿无效。

与刀具半径补偿一样，刀具长度补偿也分为几何补偿和磨损补偿，几何值与磨损值的代数和为综合补偿。几何补偿一般为测量值；磨损补偿一般为切削加工的修正值，修正量为 ±9.999mm。

请扫二维码观看仿真操作视频。

1602

3. 机外测量刀具长度补偿

这里的刀具长度指刀具的实际长度，数控铣床/加工中心使用的刀具长度、直径如图 16 - 6 所示。

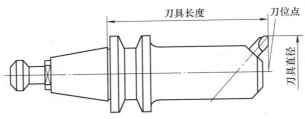

图 16 - 6　刀具长度、直径

所谓机外测量刀具，就是用刀具预调仪（又叫对刀仪）测量刀具的长度、直径等。对刀仪的结构如图 16 - 7 所示，定位套 1 与机床主轴锥孔相同，它是测量基准，精度很高，以保证测量与使用的一致性。利用光源 2 将刀尖 4 放大并投影到屏幕 3 上，定位套回转，光栅动尺 5（Z 向）、滑板（X 向）移动以找出刀尖最高点，目测刀尖与屏幕十字线对准后，显示器 6 上显示的 Z 值就是刀具长度，X 值就是刀具直径（或半径，由参数设定）。考虑到加工时的让刀、刀具磨损、测量误差等，测量的刀具直径比孔径一般应偏大 0.005 ~ 0.02mm。

对刀仪上测量的刀具长度要预先通过操作面板输入刀补存储器中，编程时用相应的 H 代码调用即可。

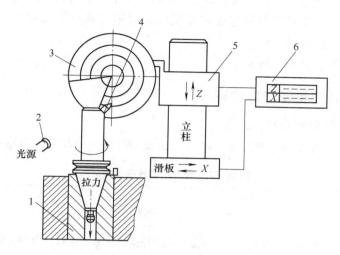

图 16-7　对刀仪的结构

1—定位套　2—光源　3—投影屏幕　4—刀尖　5—光栅动尺　6—显示器

机外测量刀具长度补偿的指令格式与机上测量刀具长度补偿的指令格式相同，但刀具长度和零点偏置值的测量完全不同。工件坐标系的 Z 向零点偏置值是机床主轴端面回转中心（测量基点）在工件坐标系中 $Z=0$ 的平面上时的基点坐标值，如图 16-8 所示，要根据工件装夹情况实测。

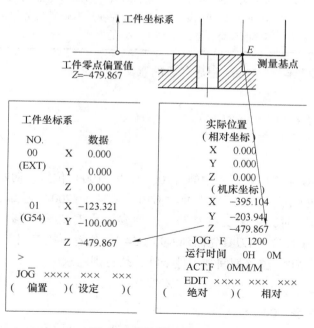

图 16-8　主轴端面对刀

机外测量刀具不占用机床，测得的刀具长度、直径都是绝对值，更换被加工零件之后，通用刀具不需要重新对刀，只要重新测量工件零点即可。可见机外测量刀具长度补偿的两大优点是刀具测量不占用机床和通用刀具不需要重新对刀，其缺点是需要购置对刀仪。

请扫二维码观看仿真操作视频。

1603

16.2 参考点编程及进给暂停编程

16.2.1 参考点编程指令 G28、G30

参考点编程除手动返回参考点外，还有自动返回参考点功能，指令格式见表 16 - 3。

表 16 - 3 参考点编程指令格式

系统	FANUC
自动返回参考点	G91 G28 X __ Y __ Z __ X、Y、Z 表示中间点在工件坐标系中的坐标值，参考点由机床存储。G28 指令刀具快速经中间点返回到参考点，经中间点的目的是防止返回参考点时刀具与工件等发生干涉。G28 程序段能记忆中间点的坐标值，直至被新的 G28 中对应的坐标值替换为止。G28 通常用于换刀、装卸工件前，常采用 G91 增量编程形式
	与 MDI 手动返回参考点效果相同，返回参考点前应先取消刀补
返回第二参考点/固定点	G30 X __ Y __ Z __ X、Y、Z 表示中间点在工件坐标系中的坐标值，第二参考点的位置是由参数来设定的。G30 指令刀具快速经中间点返回到第二参考点，在使用 G30 前应先取消刀补，通常用于自动换刀位置与参考点不同的场合，常采用 G91 Z0 的形式

【促成任务 16 - 2】解释 O1602 程序各段的意义。

```
O1602;
N010 G90 G00 G54 X100 Y200 Z100 S300 M03;(①)
N020 G91 G28 Y0;(②)
N030 M30;(③)
```

【解】①刀具到 G54 工件坐标系中的（100，200，100）位置，初始化。

②刀具快速经中间点"G91 Y0"即"G90 G54 Y200"返回 Y 向参考点。实际上经中间点"G91 Y0"时，机床没有移动，返回参考点时机床才移动。如果这一句改成"N020 G90 G28 Y0;"，则刀具先回到 G90 G54 Y0 位置再接着到 Y 向参考点，很有可能在到达"G90 G54 Y0"位置期间与工件干涉，须特别注意。

③程序结束。

16.2.2 进给暂停指令 G04

执行该指令期间，机床其他动作照旧执行，但刀具做短时间（几秒钟）的无进给（F = 0）光整加工，常用于锪平、沉孔、尖角等加工。进给暂停 G04 指令格式见表 16 - 4。

表 16 - 4 进给暂停 G04 指令格式

系统	FANUC
格式	G04 X __ ; 或 G04 P __
说明	X 指定暂停时间，单位为 s
	P 指定暂停时间，单位为 ms，只能为整数
	G04 为非模态 G 代码

16.3 FANUC 系统孔加工固定循环

孔加工固定循环指在 XY 平面内快速定位到孔中心位置后，沿 Z 轴经一系列固定动作自动加工孔的一种简单编程方式。

16.3.1 孔加工固定循环平面与固定循环动作组成

固定循环中用到初始平面 I、参考平面和孔底平面三个平面，这三个平面都是刀具在 Z 向的坐标位置。固定循环由 6 个基本动作组成，如图 16 - 9 所示，各平面含义见表16 - 5。

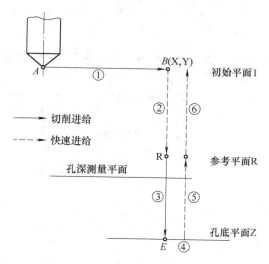

图 16 - 9 孔加工固定循环动作组成

表 16 - 5 孔加工固定循环平面含义

系统	FANUC
初始平面 I	初始平面 I：由固定循环前的最近 Z 坐标决定，实际上不在固定循环内。安全时，可与参考平面 R 相同
	刀具在该平面内任意移动都不会与夹具、工件凸台等发生干涉，在这个平面内或这个平面以上完成孔位快速定位动作①

（续）

安全平面	参考平面 **R**
	高于孔深测量平面的安全平面，规定刀具由快进转为工进、完成快进动作的终止平面或工进的开始平面
孔深测量平面	孔深测量平面：不编程
孔底平面	孔底平面 **Z**
	要考虑刀尖的无效长度和通孔的切出量
返回平面	**G98** 决定动作⑥（返回到初始平面 **I**），**G99** 决定动作⑤（返回到参考平面 **R**），二者取一

16.3.2 孔加工固定循环指令

1. 指令格式

FANUC 系统孔加工固定循环指令种类较多，但格式基本相同，见表16-6。

表 16-6　FANUC 系统孔加工固定循环指令格式

项目	内容
指令格式	G90/G91　G98/G99　G □□　X __　Y __　R __　Z __　Q __　P __　…　K __　F __；G80；取消：
绝对值与增量值编程	G90/G91 决定孔位坐标 X、Y 及固定循环参数 R、Z 的尺寸制，固定循环参数 R、Z 用 G90 编程方便，如下图所示 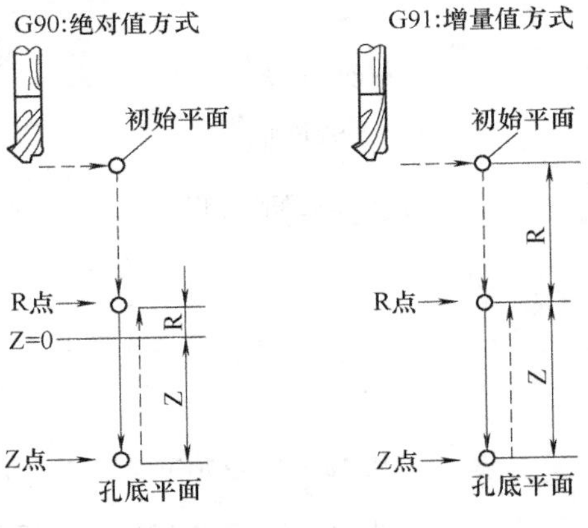 如果孔的排列位置没有规律、杂乱无章，X、Y 坐标用 G90 编程方便；如果孔位等距排列，X、Y 坐标用 G91 编程方便
指令说明	1）G □□ 指孔加工固定循环指令 G73 ~ G89，共 13 个 G 代码之一，见表16-7 2）G73 ~ G89 能存储记忆固定循环参数 R、Z、Q、P，什么地方要改变某个参数，

（续）

项目		内容
指令说明		就在那个程序段中给这个参数重新赋值，否则在固定循环期间一直有效，它们是模态量 3）G73～G89是模态指令，多孔加工时只需要指令一次，后续的程序段给定一个位置坐标就执行一次孔加工固定循环 4）固定循环次数 K＝0 时，不执行固定循环动作，仅存储记忆参数 R、Z、Q、P；K＝1 时，常省略不写；K＞1 时，后专门叙述 5）F是模态量，可以在固定循环前赋值，所以后续固定循环指令中统一不写
孔位指定	第一个孔位置的常用编程方法	N10　G90　G00　G54　Xx1　Yy1　；　初始化，刀具从未知高空定位到第一个孔的位置（x1，y1） N20　G43　H＿＿＿　Z＿＿＿；刀具长度补偿到初始平面 I N30　G98/G99　G□□　R＿＿＿　Z＿＿＿　P＿＿＿　Q＿＿＿　F＿＿＿；加工第一个孔，存储固定循环参数 这种方式动作不会发生干涉，安全清晰，程序可读性好
	后续孔位的四种给定方法	①杂乱无章分布的数量不多的孔位，多在主程序中编程。如： N10　G90　G00　G54　Xx1 Yy1…；（x1，y1）是第一个孔的位置 N20　G43　H＿＿＿　Z＿＿＿；刀具长度补偿到初始平面 I N30　G98/G99　G□□　R＿＿＿　Z＿＿＿　Q＿＿＿　P＿＿＿　F＿＿＿；加工第一个孔，存储固定循环参数 N40　Xx2　Yy2；加工第二个孔 N50　Xx3　Yy3；加工第三个孔 N60　Xx4　Yy4；加工第四个孔 ②杂乱无章分布的、数量多的、多刀加工的孔位，在子程序中编程。如： N10　G90　G00　G54　Xx1　Yy1；　（x1，y1）为第一个孔的位置 N20　G43　H＿＿＿　Z＿＿＿；　刀具长度补偿到初始平面 I N30　G98/G99　G□□　R＿＿＿　Z＿＿＿　Q＿＿＿　P＿＿＿　F＿＿＿；固定循环加工第一个孔，存储固定循环参数 N40　M98 P××××；调用孔位坐标子程序 O××××加工后续孔，程序简单，不易出错 O××××；孔位坐标子程序 N20　Xx2　Yy2；　第二个孔 N30　Xx3　Yy3；　第三个孔 N40　Xx4　Yy4；　第四个孔 … M99；

（续）

项目		内容
孔位指定	后续孔位的四种给定方法	③等间距分布的孔，如下图所示 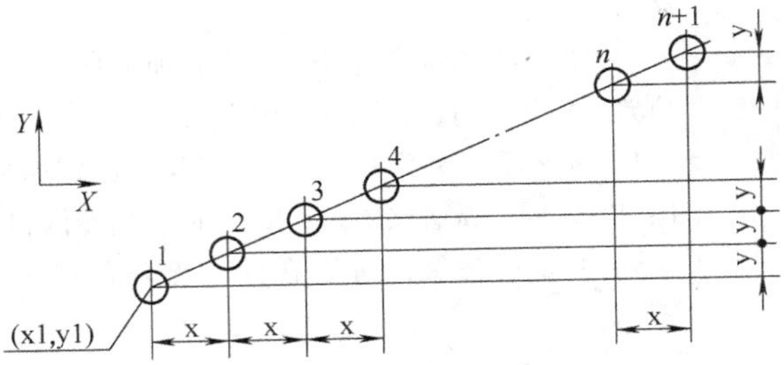 　　孔的坐标位置用增量方式 G91 编程，固定循环重复次数用 K 来设定，但固定循环参数 R、Z 还是用 G90 编程方便。如： 　　N10　G90　G00　G54　Xx1　Yy1；　（x1，y1）为第一个孔的位置 　　N20　G43　H __　Z __；给定初始平面 I 　　N30　G98/G99　G□□　R __　Z __　Q __　P __　F __；加工第一个孔 　　N40　G91　X __　Y __　K __；依次加工第二次，第三个，…，第 K 个孔，K 等于孔的总数 n 减去 1，即 $K = n-1$。R、Z 为模态量，由 N10 知保持绝对值编程方式，这也解决了 X、Y 用 G91 编程，R、Z 用 G90 编程的方法问题 ④圆周分布的孔，如下图所示 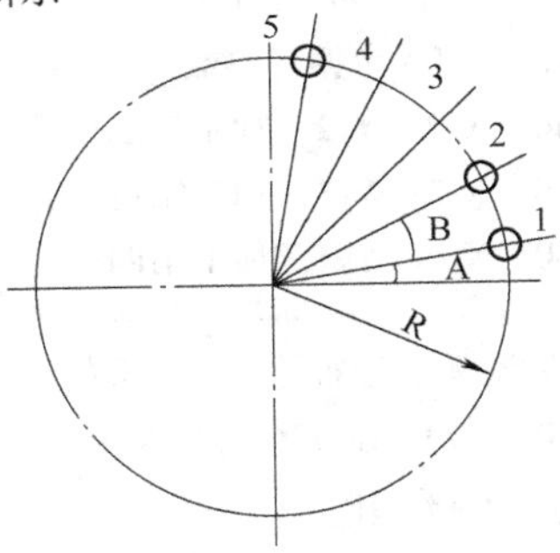 　　孔的坐标位置指令格式： 　　N10　G90　G00　G54　G16　XR　YA；第一个孔的位置 　　N20　G43　H __　Z __；刀具插补到初始平面 　　N30　G98/G99　G□□　R __　Z __　Q __　P __　F __；加工第一个孔 　　N40　G91　YB　K __；依次加工第二个，第三个，…，第 K 个孔，K 等于孔的总数 n 减去 1，即 $K = n-1$ 　　N50　G15…

表 16 - 7　孔加工固定循环指令

FANUC 系统	说明		
G 代码	参数	动作	应用
G81	R、Z	工进→快退	钻中心孔、钻孔、粗镗
G82	R、Z、P	工进→暂停→快退	锪平、钻沉孔、粗镗阶梯孔
G73	R、Z、Q	渐进→快退到孔内	孔底断屑渐进深钻
G83		渐进→快退到孔外	孔口断屑渐进深钻
G74	R、Z、P	工进→主轴逆转→工退，浮动攻螺纹时，用 P0	攻左旋螺纹
G84			攻右旋螺纹
G85	R、Z	工进→工退	铰孔
G76	R、Z、	工进→主轴定向让刀→快退→恢复	半精镗、精镗
G86	R、Z	工进→主轴停转→快退→恢复	
G87	R、Z、Q、P	主轴定向让刀→快进→主轴定心转动→工退→暂停→主轴定向让刀→快退	反镗
G88	R、Z、P	工进→暂停→主轴停→手动退出	浮动镗
G89	R、Z、P	工进→暂停→工退	精铰、精镗沉孔
G80	—	取消固定循环	—

2. 固定循环指令 G73 ~ G89

（1）高速钻孔循环 G81　高速钻孔循环主要用于钻孔、扩孔，以及脆性材料的铰孔、粗镗等，指令格式及图解见表 16 - 8。

表 16 - 8　高速钻孔循环 G81 指令格式及图解

项目	内容
指令格式	G81 R __ Z __； R——参考平面坐标 Z——孔底坐标
图解	 初始平面 参考平面→ 孔底平面 细实线表示工进，细虚线表示快进或快退

（续）

项目	内容
指令说明	G00 到 R 平面→G01 到孔底 Z→G00 到 R 平面或初始平面
	动作时序简记为：工进→快退

（2）锪孔循环 G82　锪孔循环主要用于锪平、沉孔加工等，指令格式及图解见表16－9。

表16－9　锪孔循环 G82 指令格式及图解

项目	内容
指令格式	G82 R＿ Z＿ P＿； P——孔底进给暂停时间（s）
图解	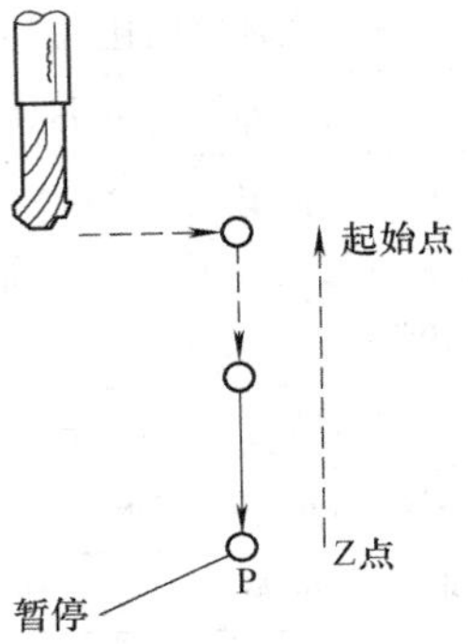 细实线表示工进，细虚线表示快进或快退
指令说明	比 G81 多一个紧急暂停动作，用于改善孔底表面等加工质量，动作时序简记为：工进→暂停→快退

（3）渐进钻孔循环 G73、G83　渐进钻孔循环 G73、G83 具有断屑功能，主要用于深孔钻削加工，指令格式及图解动作见表 16－10。

表16－10　渐进钻孔循环 G73、G83 指令格式及图解动作

项目	内容
指令格式、图解动作及动作时序	①孔底断屑 G73 R＿ Z＿ Q＿； Q——渐进量，即每次加工深度，无符号 其余参数含义同 G81 动作时序：G00 到 R 平面→G01 到 Q 深度→G00 退 d 距离→G01 到（Q＋d）距离→G00 退 d 距离→重复此前两步→G00 到 R 平面或 I 平面，简记为：渐进→快退→断屑 ②孔口断屑 G83 R＿ Z＿ Q＿； 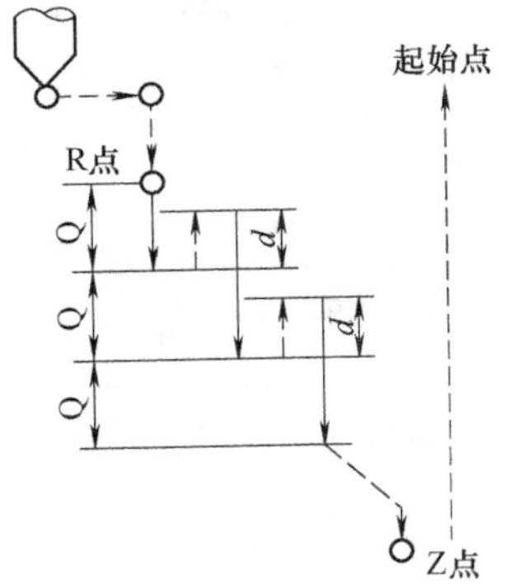

（续）

项目	内容
指令格式、图解动作及动作时序	G00 到 R 平面→G01 到 Q 深度→G00 退到 R 平面→G00 到上一（Q−d）平面→G01（Q+d）距离→G00 退到 R 平面→重复此前两步→G00 到 R 平面或初始平面，简记为：渐进→快退→断屑 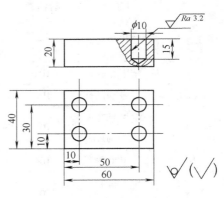
d	回退量，为防止顶刀而设置的，由机床参数设定，常为 0.5～1mm
说明	①当剩余孔深大于 1 倍渐进量而小于 2 倍渐进量时，系统自动除以 2，分两次加工完毕 ②孔口断屑中途返回到参考平面 R，孔底断屑中途返回一个 d 距离 ③孔底断屑主要用于钻削塑性材料、立式机床钻削脆性材料深孔等场合。孔口断屑主要用于卧式机床钻削深孔和立式机床钻削塑性材料深孔。立式机床钻脆性材料时，要特别防止碎屑倒灌入孔内，以防钻头被挤断

【促成任务 16-3】编程并仿真加工图 16-10 所示四孔板零件。

【解】从零件图分析，孔的尺寸精度及位置精度不高，因此可以不用中心钻预钻孔，而直接用 $\phi10mm$ 钻头钻孔，孔深为 15mm，钻尖取 0.3D，因此编程时孔深取 18mm。主轴转速取 S500，进给速度取 F50，工件零点建立在零件上表面左下角处，编程如下：

图 16-10 四孔板零件

```
O1603;
N010 G54 G17 G90 G49 G40 G80 G21;(初始化)
N020 G91 G28 Z0;(返回换刀点)
N030 T01 M06;(换 1 号钻头)
N040 M03 S500;(主轴正转)
N050 G90 G00 G43 H01 Z50;(建立 1 号刀具长度补偿,下刀至初始面)
N060 G99 G81 X10 Y30 Z-18 R3 F50;(钻左上角孔)
N070 X50;(钻右上角孔)
N080 Y10;(钻右下角孔)
N090 G98 X10;(钻左下角孔并返回到初始平面)
N100 G49 G80 G91 G28 Z0;(返回换刀点)
N110 M05;(主轴停)
N120 M30;(程序结束并返回)
```

任务实施

1. 工艺分析与工艺设计

（1）工艺分析　图 16-1 所示的零件由 2 个不通孔和 1 个螺纹孔组成，两个孔直径的尺寸公差为（0.05mm），孔深尺寸公差均为 0.1mm，孔的位置尺寸公差为 0.01mm，位置度公差为 0.05mm，要求较高，因此，加工时要先用中心钻定位，公差不对称的尺寸要转换成公差对称分布的平均尺寸。2 号孔深为 $10_{-0.1}^{0}$ mm 的不通孔转换后孔深为 9.95mm ± 0.05mm，钻尖深度取约 0.3D，因此编程时取 Z-15.958，钻预制孔时选择 ϕ19.6mm 的钻头，留精加工余量 0.4mm。1 号孔为螺纹通孔，要注意钻头导向部分的长度要完全伸出工件，因此取 Z-28；底孔直径按 $D_0 = D$（螺纹外径）$- P$（螺距）确定，因此选 ϕ16.5mm 的钻头；攻螺纹时取 S200，根据同步原则即 F = S × P，因此取 F500。3 号孔为不通孔，选 ϕ19.6mm 钻头，留精加工余量 0.4mm；钻预制孔时取 Z-14.5；精铣时深度 $15_{0}^{+0.1}$ mm 尺寸转换成平均尺寸 15.05mm ± 0.05mm。

（2）加工工艺路线设计　将工件零点建立在零件上表面左下角，数控铣削加工工序卡片见表 16-11。

表 16-11　三孔板零件数控铣削加工工序卡片

产品名称	零件名称	工序名称	工序号	程序编号	毛坯材料	使用设备	夹具名称
三孔板零件	数控铣			O1604	45 钢	数控铣床	平口钳
工步号	工步内容	刀具			主轴转速/（r/min）	进给速度/（mm/min）	切削深度/mm
		刀号	材料	规格			
1	钻中心孔	T01	高速钢	A2	800	60	Z-2
2	钻 1 号预制孔	T02	高速钢	ϕ16.5mm	275	55	Z-28
3	钻 2 号和 3 号预制孔	T03	高速钢	ϕ19.6mm	220	44	Z-15.958、Z-14.5
4	加工 M20 螺纹	T04	高速钢	M20	200	500	Z-25
5	铣 2 号和 3 号孔	T05	高速钢	ϕ20mm	1500	540	Z-9.95、Z-15.05

（3）刀具选择　刀具选用见表 16-12。

表 16-12　刀具选用表

刀具号	刀具规格		刀具长度补偿号	刀具号	刀具规格		刀具长度补偿号
	直径/mm	类型			直径/mm	类型	
T01	A2	中心钻	H01	T04	M20	丝锥	H04
T02	ϕ16.5	麻花钻	H02	T05	ϕ20	键槽铣刀	H05
T03	ϕ19.6	麻花钻	H03				

2．程序编制

选择工件上表面的左下角点为工件坐标系原点，编制程序如下：

O1604；

N010 G54 G90 G17 G49 G40 G80 G21;(初始化)

N020 G91 G28 Z0;(回换刀点)

N030 T01 M06;(换1号中心钻)

N040 M03 S800;(主轴正转)

N050 G90 G00 G43 H01 Z50;(建立1号刀具长度补偿,下刀至初始平面)

N060 X50 Y30;(定位到2号孔中心)

N070 G99 G81 Z-2 R3 F60;(钻2号中心孔)

N080 X80 Y50;(钻3号孔中心)

N090 G98 X20 Y80;(钻1号中心孔并返回到初始平面)

N100 G49 G80 G91 G28 Z0;(回换刀点)

N110 M05;(主轴停)

N120 T02 M06;(换2号钻头)

N130 M03 S275;(主轴正转)

N140 G90 G00 G43 H02 Z50;(建立2号刀具长度补偿,下刀至初始平面)

N150 X20 Y80;(定位至1号孔中心)

N160 G98 G81 Z-28 F55;(钻1号孔)

N170 G91 G49 G80 G28 Z0;(返回换刀点)

N180 M05;(主轴停)

N190 T03 M06;(换3号钻头)

N200 M03 S220;(主轴正转)

N210 G90 G00 G43 H03 Z50;(建立3号刀具长度补偿,下刀至初始平面)

N220 X50 Y30;(定位至2号孔中心)

N230 G99 G81 Z-15.958 R3 F44;(钻2号孔)

N240 G98 X80 Y50 Z-14.5;(钻3号孔)

N250 G49 G80 G91 G28 Z0;(返回换刀点)

N260 M05;(主轴停)

N270 T04 M06;(换4号丝锥)

N280 M03 S200;(主轴正转)

N290 G90 G43 H04 Z50;(建立4号刀具长度补偿,下刀至初始平面)

N300 G98 G84 X20 Y80 Z-25 F500;(攻1号螺纹孔)

N310 G49 G80 G91 G28 Z0;(返回换刀点)

N320 M05;(主轴停)

N330 T05 M06;(换5号键槽铣刀)

N340 M03 S1500;(主轴正转)

N350 G90 G43 H05 Z50;(建立5号刀具长度补偿,下刀至初始平面)

N360 X50 Y30;(定位至2号孔中心)

N370 Z3;(快速下刀至孔中心上方)

N380 G01 Z-9.95 F540;(铣孔至尺寸)

N390 G04 X2;(孔底暂停2s)

N400 G01 Z3;(提刀至孔中心上方)

N410 G00 X80 Y50;(定位至3号孔中心)

N420 G01 Z-15.05 F540;(铣孔至尺寸)

N430 G04 X2;(孔底暂停2s)

N440 G01 Z3;(提刀至孔中心上方)

N450 G49 G91 G28 Z0;(返回换刀点)

N460 M05;(主轴停)

N470 M30;(程序结束并返回)

1604(上)　　1604(中)　　1604(下)

1605

请扫二维码观看编程视频。

3. 仿真加工

请扫二维码观看仿真加工视频。

能力训练

编制工序卡片，选择合适的刀具和切削用量，编制图 16 - 11 所示零件孔加工程序，并进行仿真加工。

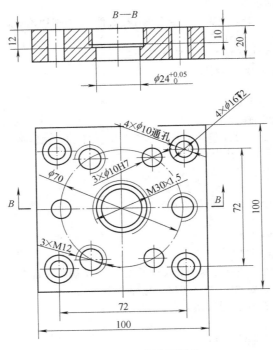

图 16 - 11　多孔板零件

自测题

1. 判断题

（1）G73、G83 指令为攻螺纹循环指令。（　　）

（2）G81 指令为钻孔循环指令。（　　）

（3）G83 与 G81 的主要区别是，前者用于进行深孔加工，采用间隙进给，有利于排屑。（　　）

（4）在固定循环中，G99 表示返回初始平面，G98 返回参考平面。（　　）

（5）使用 G84 攻螺纹时，进给速度要根据零件材料确定。（　　）

（6）用麻花钻钻孔时，孔的表面粗糙度值可达到 $Ra1.6\mu m$。（　　）

（7）加工精度要求高的孔时，钻孔之后还要铰孔。（　　）

（8）G81 指令和 G82 指令的区别在于，G82 指令在孔底加进给暂停动作。（　　）

（9）用 G84 指令攻螺纹时，没有 Q 参数。（　　）

（10）"G81 X0 Y-20 Z-3 R5 F50；"与"G99 G81 X0 Y-20 Z-3 R5 F50；"程序段意义相同。（　　）

2. 单项选择题

（1）对于箱体类零件，其加工程序一般为（　　）。

A. 先孔后面，基准面先行　　　　B. 先孔后面，基准面后行

C. 先面后孔，基准面先行　　　　D. 先面后孔，基准面后行

（2）固定循环加工后返回初始平面用（　　）指令。

A. G98　　　　B. G99　　　　C. G80　　　　D. G40

（3）精镗固定循环指令为（　　）。

A. G85　　　　B. G86　　　　C. G75　　　　D. G76

（4）在固定循环指令"G90 G98 G73 X＿ Y＿ Z＿ R＿ Q＿ F＿"中，Q 表示（　　）。

A. R 点平面 Z 坐标　　B. 每次背吃刀量　　C. 孔深　　D. 让刀量

（5）FANUC 系统中 G80 指令是指（　　）。

A. 镗孔循环　　B. 反镗孔循环　　C. 攻螺纹循环　　D. 取消固定循环

（6）（　　）指令可实现钻孔循环。

A. G90　　　　B. G81　　　　C. G84　　　　D. M00

（7）深孔加工中，效率较高的是（　　）指令。

A. G73　　　　B. G83　　　　C. G81　　　　D. G82

（8）在（50，50）坐标点，钻一个深 10mm 的孔，Z 轴坐标零点位于零件表面上，则指令为（　　）。

A. G85 X50.0 Y50.0 Z-10.0 R0 F50　　B. G81 X50.0 Y50.0 Z-10.0 R0 F50

C. G81 X50.0 Y50.0 Z-10.0 R5.0 F50　D. G83 X50.0 Y50.0 L10.0 R5.0 F50

（9）标准麻花钻的顶角为（　　）。

A. 118°　　B. 35°~40°　　C. 50°~55°　　D. 112°

（10）钻小孔或长径比较大的孔时，应取（　　）的转速钻削。

A. 较低　　B. 中等　　C. 较高　　D. 不一定

3. 简答题

（1）何为顺序选刀？何为随机选刀？怎样编程？

（2）如何让机床不动作，但要存储孔加工固定循环参数 R、Z 等？

参 考 文 献

［1］周兰. 数控车削编程与加工［M］. 北京：机械工业出版社，2010.

［2］周保牛，黄俊桂. 数控编程与加工技术［M］. 2版. 北京：机械工业出版社，2014.

［3］谢燕琴，等. 数控机床加工工艺［M］. 长沙：中南大学出版社，2013.

［4］徐宏海. 数控加工工艺［M］. 北京：化学工业出版社，2008.

［5］张宁菊. 数控铣削编程与加工［M］. 2版. 北京：机械工业出版社，2016.

［6］浦艳敏，姜芳. 数控铣削加工实用技巧［M］. 北京：机械工业出版社，2010.

［7］孙德茂. 数控机床铣削加工直接编程技术［M］. 北京：机械工业出版社，2004.

［8］龙光涛. 数控铣削（含加工中心）编程与考级（FANUC系统）［M］. 北京：化学工业出版社，2006.

［9］周晓宏. 数控铣床操作技能考核培训教程［M］. 北京：中国劳动社会保障出版社，2008.

［10］周虹. 数控编程与实训［M］. 2版. 北京：人民邮电出版社，2008.